城乡照明工程
质量安全研究与技术应用

广州市照明建设管理中心

广东省建设工程质量安全检测总站有限公司

主编

中国建筑工业出版社

图书在版编目（CIP）数据

城乡照明工程质量安全研究与技术应用／广州市照明建设管理中心，广东省建设工程质量安全检测总站有限公司主编. —北京：中国建筑工业出版社，2020.6
ISBN 978-7-112-24945-9

Ⅰ.①城… Ⅱ.①广… ②广… Ⅲ.①市政工程—照明—工程质量—研究 Ⅳ.①TU113.6

中国版本图书馆CIP数据核字（2020）第038778号

责任编辑：付　娇　兰丽婷
版式设计：锋尚设计
责任校对：党　蕾

城乡照明工程质量安全研究与技术应用
广州市照明建设管理中心
广东省建设工程质量安全检测总站有限公司　主编
*
中国建筑工业出版社出版、发行（北京海淀三里河路9号）
各地新华书店、建筑书店经销
北京锋尚制版有限公司制版
北京富诚彩色印刷有限公司印刷
*
开本：787毫米×1092毫米　1/16　印张：7¾　字数：146千字
2021年8月第一版　2021年8月第一次印刷
定价：**88.00**元
ISBN 978-7-112-24945-9
（35702）

前　言

　　广州是一个具有丰富历史文化底蕴的一线城市。漫步街头，处处可见这座城市的魅力。在新时代粤港澳大湾区的宏图规划下，广州以历史文化为依托，以科技创新为手段，多维度、多角度的持续提升和展示着这座城市的魅力。

　　电灯是第一次工业革命的产物，从那时起，照明就见证和助推着城市从亮到美、从美到雅的进程，更是现代技术的集大成者，与科技发展保持着高度一致性，通过光、色、影、画，展示着一座城市的发展理念与人文内涵。

　　本书的编者先后调研统计了近40万盏城市照明设施的现状，以大量城市照明设施的现状数据为分析依据，查找提升城市照明设施养护管理成效、促进城乡照明节能绿色发展、展现城市魅力的方法。

　　本书由王洋（第4章）、路阳（第1、2、3章）、丘玉蓉（第5、6章）编著，王洁、张文杰、胡冰茜、朱炳浩、易珑、刘松奇、范晓龙、王艺深、陈怡辛、颜波、林育斌、王子悦、田雪娟、谢永熙、汪玲、胡凯宸等参与完成。

　　由于时间仓促和编者水平有限，错误和不妥之处在所难免，敬请读者给予批评指正。

目录

第3章　城乡照明绿色节能技术应用

第4章　城乡景观照明设施规划与建设

第 1 章

城乡功能性照明设施现状分析

城乡照明从功能用途的角度划分，可分为功能照明和景观照明。功能照明是以保障人们出行和户外活动安全为目的的照明，是重要的市政基础设施。本书以大量的基础数据为依托，通过调研功能照明的完好性与亮灯率，分析其现状特点，实现抽丝剥茧发现问题、制定对策的目的。

1.1 城乡照明设施完好率

1.1.1 城乡照明设施完好率统计

照明设施的完好性反映了照明设施的工作现状，检查对象包括供配电线路、供配电箱、灯杆、灯具等。通过对约7.9万盏照明设施的现场勘查，完好率统计如下：

1. 照明设施整体完好率为98.82%；
2. 城市照明设施完好率为98.39%；
3. 农村照明设施完好率为99.54%；
4. 景观照明设施完好率为99.60%；
5. 道路照明设施完好率为98.68%。

1.1.2 照明设施完好率分析

通过对被检照明设施完好率的数据统计，对不同的问题分门别类，从中发现，照明设施的完好率总体较高，问题较多出现在灯杆、灯具方面。

1. 以问题为导向，各类照明设施的完好性统计如下：

（1）按照明设施类型划分的完好率（图1-1）

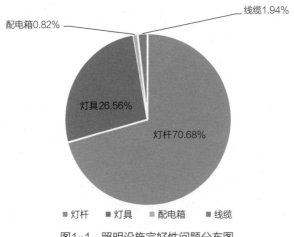

图1-1 照明设施完好性问题分布图

（2）灯杆完好性问题分布（图1-2）

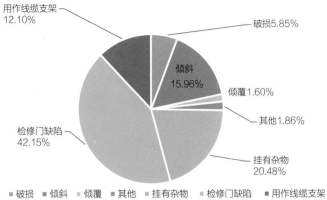

图1-2　照明灯杆完好性问题分布图

（3）灯具完好性问题分布（图1-3）

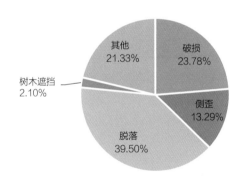

图1-3　照明灯具完好性问题分布图

（4）配电箱完好性问题分布（图1-4）

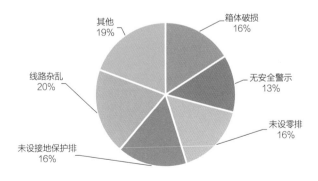

图1-4　照明配电箱完好性问题分布图

2. 通过对照明设施状况的现场调研结果进行统计分析，得出照明设施完好性状况有以下特点：

（1）相较于农村照明设施，城市照明设施的完好率略低，主要原因在于城市内车流量大，人流量大，在使用过程中对照明设施造成破坏的概率较高。

（2）景观照明设施的完好率略高于道路照明设施，景观照明设施较多设置于景区或城市核心地段，在提升城市形象方面的作用巨大，因此对其关注度更高。另外，近年来照明技术快速发展，相关技术较多应用在景观照明领域，其可靠性得到了有效的保证。

（3）供配电箱是道路照明设施的重要组成部分，相对直接可见的路灯、景观灯而言，其关注度不高。通过调研发现，有关供配电箱的质量安全风险不容小觑。

3. 对于照明设施状况良好的地区，我们与其维护管理部门进行了交流，通过交流获得值得借鉴的经验，具体有以下3点：

（1）遵循"专业的人，干专业的事"的理念，引入专业化的养护队伍，利用专业化的手段开展照明设施养护工作。

（2）通过招标采购的方式选择专业的维护队伍，引入竞争机制，优胜劣汰。

（3）合理利用信息化手段，使照明设施的运行、维护更加高效。

1.2 城乡照明设施亮灯率

1.2.1 城乡照明设施亮灯率统计

通过对约28.7万盏照明设施亮灯率进行调研统计，结合不同的区域、功能用途和设施类型划分，得到亮灯率的具体情况如下：

1. 照明设施整体亮灯率为95.24%；

2. 城市照明设施亮灯率为96.45%；

3. 农村照明设施亮灯率为90.06%；

4. 市电照明设施亮灯率为95.53%；

5. 太阳能照明设施亮灯率为87.79%；

6. 道路照明设施亮灯率为93.82%；

7. 景观照明设施亮灯率为99.16%。

1.2.2 城乡照明设施亮灯率分析

通过对照明设施亮灯率的调研结果进行分析，主要存在以下问题：

1. 照明设施整体亮灯率较好，但部分区域亮灯率较低，针对亮灯率低的原因分析，其表象主要有以下两个特点：

（1）部分道路辅道一侧的灯具几乎不亮；

（2）部分路灯不亮区域附近存在施工的情况，存在因施工造成路灯设施被破坏的可能。

2. 同一地区、同种类型的路灯，不同的养护单位养护的路灯，亮灯率也存在较大差别。据了解，这主要是养护资金支持力度和养护队伍养护工作落实成效两个方面的原因造成的。

3. 部分路灯的运行影响居民的正常生产生活，导致居民损坏了路灯，所以路灯安装的位置、路灯类型的选择，应在设计之初予以综合考虑，并作出差异化、人性化的设计。

4. 部分LED灯的发光模块或发光单元损坏，导致路灯亮度降低，影响照明功能（图1-5、图1-6）。

图1-5　灯具部分发光单元不亮

图1-6　灯具部分模块不亮

2章

城乡照明工程质量与安全

本书编制组调研的城乡照明设施整体状况良好，但在质量安全方面仍存在部分问题。上一章对城乡照明设施的完好性问题进行了归纳分析，本章在此基础上，结合气候环境对户外照明设施质量安全的影响，提出了保障照明设施质量安全的解决策略和措施。

2.1 质量与安全状况研究

编制组结合相应的标准规范，分别对功能性照明设施和景观照明设施普遍存在的质量安全问题进行研究并提出解决策略。

2.1.1 城乡功能性照明设施（表2-1）

功能性照明设施存在的问题与解决策略 表2-1

序号	存在的问题	解决策略
1	灯杆破损、倾斜	依据《城市道路照明工程施工及验收规程》CJJ 89-2012中： 8.1.20条第1款：灯杆外表面应平滑美观，无裂纹、气泡、缺损、纤维露出；并有抗紫外线保护层，具有良好的耐气候特性； 8.3.5条：灯杆垂直度偏差应小于半个杆梢，直线路段单、双挑灯、庭院灯排列成一直线时，灯杆横向位置偏移应小于半个杆根
2	检修门缺失、破损、不匹配	依据《城市道路照明工程施工及验收规程》CJJ 89-2012中8.3.7条：钢灯杆检修门朝向应一致，宜朝向人行道或慢车道侧，并应采取防盗措施
3	灯具部分模块不亮	依据《城市道路照明工程施工及验收规程》CJJ 89-2012中8.1.9条第5款：光通维持率在燃点3000h时不应低于95%，在燃点6000h时不应低于90%，同一批次的光源色温应一致
4	灯具破损、缺失	依据《城市道路照明工程施工及验收规程》CJJ 89-2012中8.1.8条第1款：灯具配件应齐全，无机械损伤、变形、油漆剥落、灯罩破裂等现象
5	灯具电源线裸露	依据《城市道路照明工程施工及验收规程》CJJ 89-2012中： 6.1.3条：电缆敷设时，电缆外观应无损伤，绝缘良好，不得有铠装压扁、电缆绞拧、护层折裂等机械损伤； 6.2.4条：电缆在含有酸、碱强腐蚀或有振动、热影响、虫鼠等危害性地段，应采取防护措施
6	灯具侧歪	依据《城市道路照明工程施工及验收规程》CJJ 89-2012中8.1.2条：灯具安装纵向中心线和等比纵向中心线应一致，灯具横向水平线应与地面平行
7	灯臂弯折	依据《城市道路照明工程施工及验收规程》CJJ 89-2012中8.3.8条：灯臂应固定牢靠，灯臂纵向中心线与道路纵向呈90°角，偏差不应大于2°
8	灯杆端部弯折	依据《城市道路照明工程施工及验收规程》CJJ 89-2012中8.3.3条第2款：杆身直线度允许误差宜小于3‰

序号	存在的问题	解决策略
9	灯杆杆体锈蚀	依据《城市道路照明工程施工及验收规程》CJJ 89-2012中8.1.18条：路灯安装使用的灯杆、灯臂、抱箍、螺栓、压板等金属构件应进行热镀锌处理，防腐质量应符合国家现行标准的相关规定
10	灯杆基座螺栓紧固不到位	依据《城市道路照明工程施工及验收规程》CJJ 89-2012中8.1.17条：紧固后螺丝露出螺母不得少于两个螺距，最多不宜超过5个螺距
11	灯杆架设电线，杆体人为切口用于进出电缆，且电缆在锋利边沿处未做防护	依据《城市道路照明工程施工及验收规程》CJJ 89-2012中8.1.12条：在灯臂、灯杆内穿线不得有接头，穿线孔口或管口应光滑、无毛刺，并采用绝缘套管或包带包扎（电缆、护套线除外），包扎长度不得小于200mm
12	电缆保护管损坏，电缆芯线裸露，且无防雨措施	依据《城市道路照明工程施工及验收规程》CJJ 89-2012中： 6.1.3条：电缆外观应无损伤，绝缘良好，不得有铠装压扁、电缆绞拧、护层折裂等机械损伤。 6.2.6条：电缆保护管不应有孔洞、裂缝和明显的凹凸不平，内壁应光滑无毛刺
13	照明电箱破损，锈蚀严重，箱门缺失，无门锁，进出线孔洞未做好封堵，无应急照明装置，无备用回路	依据《城市道路照明工程施工及验收规程》CJJ 89-2012中4.2.9条：配电柜（箱、屏）的安装应符合下列规定： 1机械闭锁、电气闭锁动作应准确、可靠； 4柜门和锁开启灵活，应急照明装置齐全； 5柜体进出线孔洞应做好封堵； 6控制回路应留有适当的备用回路
14	配电箱留有曾发生过电气火灾的迹象，无安全警示标志	依据《城市道路照明工程施工及验收规程》CJJ 89-2012中： 4.2.10条：配电柜（箱、屏）的漆层应完整无损伤； 4.2.16条：配电箱应在明显位置悬挂安全警示标志牌
15	照明电箱出入线孔洞未封堵，电线出入箱体部位未采取有效的防护，柜门未做接地，箱内电线安装凌乱，且未按要求设置零线（N）排与接地保护（PE）排，箱内电器装置未固定，或固定不可靠，无电缆回路编号	依据《城市道路照明工程施工及验收规程》CJJ 89-2012中： 4.2.8条：配电柜（箱、屏）的柜门应向外开启，可开启的门应以裸铜软线与接地的金属构架可靠连接。柜体内应装有供检修用的接地连接装置； 4.2.9条第5款：柜体进出线孔洞应做好封堵； 4.2.12条：进出电缆应穿管保护，并留有备用管道； 4.3.1条第1款：电器安装的型号、规格应符合设计要求，外观完整，附件齐全，排列整齐，固定牢固；第5款：柜面装有电气仪表设备或其他有接地要求的电器其外壳应可靠接地；柜内应设置零（N）排、接地保护（PE）排，并有明显的标识符号； 4.3.3条第1款：引入柜（箱、屏）内的电缆应排列整齐、避免交叉、固定牢靠，电缆回路编号清晰

序号	存在的问题	解决策略
16	箱内装置的连接端子锈蚀严重，连接端子上单侧接线超过2根，存在电气异常发热的隐患	依据《城市道路照明工程施工及验收规程》CJJ 89-2012中： 4.3.1条第1款：电器安装的型号、规格应符合设计要求，外观完整，附件齐全，排列整齐，固定牢固； 4.4.1条第1款：端子排应完好无损，排列整齐、固定牢固、绝缘良好；第6款：每个接线端子的每侧接线宜为1根，不得超过2根； 4.4.2条第5款：配线应整齐、清晰、美观。 依据《建筑电气防火检测技术规程》DBJ/T 15-138-2018中3.3.2条第2款：各部位引出端连接点应无过热、锈蚀、烧伤、熔接等痕迹
17	电箱内连接端子存在过热焦糊现象，电箱内连接端子及连接线温度超标	依据《城市道路照明工程施工及验收规程》CJJ 89-2012中4.4.2条第5款：配线应整齐、清晰、美观； 依据《建筑电气防火检测技术规程》DBJ/T 15-138-2018中： 3.3.2条第2款：各部位引出端连接点应无过热、锈蚀、烧伤、熔接等痕迹； 表3.2.2-2：低压电器与外部连接的连接端子的温升应不大于：裸铜的允许温升为60K，裸黄铜的允许温升65K； 表3.1.2：导线表面允许温升应不大于：不带铠装聚氯乙烯绝缘导线为25K
18	配电箱有浸水痕迹	依据《城市道路照明工程施工及验收规程》CJJ 89-2012中4.2.12条：落地配电箱基础平面应高出地面200mm
19	配电箱内照明配电系统采用TN-C-S制式	依据《城市道路照明工程施工及验收规程》CJJ 89-2012中7.2.3条：道路照明配电箱系统宜选用TN-S接地制式，整个系统的中性线（N）应与保护线（PE）分开
20	电缆埋深不够，裸露敷设	依据《城市道路照明工程施工及验收规程》CJJ 89-2012中6.1.7条第1款：绿地、车行道下电缆埋设深度应不小于0.7m； 第2款：人行道下电缆埋设深度不应小于0.5m
21	太阳能光伏板破损	依据《城市道路照明工程施工及验收规程》CJJ 89-2012中8.1.8条第1款：灯具配件应齐全，无机械损伤、变形、油漆剥落、灯罩破裂等现象
22	太阳能路灯电线裸露	依据《城市道路照明工程施工及验收规程》CJJ 89-2012中： 6.1.3条：电缆敷设时，电缆外观应无损伤，绝缘良好，不得有铠装压扁、电缆绞拧、护层折裂等机械损伤； 6.2.4条：电缆在含有酸、碱强腐蚀或有振动、热影响、虫鼠等危害性地段，应采取防护措施

2.1.2 城乡景观照明设施（表2-2）

景观照明设施存在的问题与解决策略　　　　　　表2-2

序号	存在的问题	解决策略
1	景观灯灯罩缺失	依据《建筑LED景观照明工程技术规程》T/CECS 501-2018中4.1.3条第8款：灯具及其附件应齐全、适配，并无损伤、变形、涂层剥落和灯罩破裂等缺陷
2	景观灯灯具未固定可靠	依据《建筑LED景观照明工程技术规程》T/CECS 501-2018中： 4.6.9条：灯具构架应固定可靠、地脚螺栓拧紧、备帽齐全；灯具的螺栓应紧固、无遗漏； 4.6.11条：投光灯及其支架应安装牢固. 采用的螺栓及支架应做防腐处理
3	电线护套管老化、破损	依据《建筑LED景观照明工程技术规程》T/CECS 501-2018中： 4.2.3条：室外使用的柔性导管应采用防水、防腐型可弯曲金属管，引至灯具的长度不宜大于1.2m；柔性导管应使用专用连接锁母与设备连接； 4.2.11条：绝缘导管不应在露天场所明敷； 4.6.6条：室外灯具配线管路应按明配管敷设，且应具备防雨功能，IP防护等级应符合设计要求
4	电线护套管连接部位脱开	依据《建筑LED景观照明工程技术规程》T/CECS 501-2018中： 4.2.6条：室外明敷的导管应使用明装接线盒，所有连接处应采用防水处理措施； 4.2.11条：绝缘导管不应在露天场所明敷
5	照明灯具的护板随意拆下放置在女儿墙上，存在坠落的风险极大	依据《建筑LED景观照明工程技术规程》T/CECS 501-2018中4.1.5条：景观照明施工时，不得造成建筑物外立面破损，施工用料残余应及时进行清理
6	线管连接盒破损，或未闭合	依据《建筑LED景观照明工程技术规程》T/CECS 501-2018中： 4.1.3条第3款：绝缘导管及配件应不碎裂，表面有阻燃标记和制造厂厂标； 4.2.2条：室外导管的管口应设在箱、盒内或设置防水弯头
7	灯具外壳破损	依据《建筑LED景观照明工程技术规程》T/CECS 501-2018中4.1.3条第8款：灯具及其附件应齐全、适配并无损伤、变形、涂层剥落和灯罩破裂等缺陷

序号	存在的问题	解决策略
8	灯具密封状况不佳，造成进水，灯具内部锈蚀严重，灯具内电线保护管脱开	依据《建筑LED景观照明工程技术规程》T/CECS 501-2018中4.6.7条：露天安装且IP等级小于X7的灯具应有泄水孔，且泄水孔应设置在灯具腔体的底部。灯具及其附件、紧固件、底座和与其相连的导管、接线盒等应有防腐蚀和防水措施
9	绝缘导管明敷，且线槽及连接盒未固定	依据《建筑LED景观照明工程技术规程》T/CECS 501-2018中： 4.2.8条：明敷的导管应排列整齐，固定点间距均匀，安装牢固；在距终端、弯头中点、箱/柜等边缘150~500mm范围内应设置管卡，中间直线段管卡间的最大距离应符合表4.2.8的规定； 4.2.11条：绝缘导管不应在露天场所明敷
10	灯具进出线孔处破损、边沿存在锋利毛刺，灯具电源线裸露	依据《建筑LED景观照明工程技术规程》T/CECS 501-2018中： 4.6.6条：室外灯具配线管路应按明配管敷设，且应具备防雨功能，IP防护等级应符合设计要求； 4.6.9条：灯具外漏的绝缘导线或电缆应有金属柔性导管保护； 4.6.10条：建筑物顶部轮廓灯应采用防雨专用灯具，防护等级符合设计要求
11	灯具电源线与避雷带之间的间距不符合要求	依据《建筑物防雷设计规范》GB 50057-2010第4.3.8条：防止雷电流流经引下线和接地装置时产生的高电位对附近金属物或电气和电子系统线路的反击，应保证一定的安全间隔距离要求
12	建筑物外沿灯具利用电线与避雷带连接用于固定	依据《建筑LED景观照明工程技术规程》T/CECS 501-2018中：4.6.1条：灯具安装应牢固可靠
13	悬臂锈蚀	依据《建筑LED景观照明工程技术规程》T/CECS 501-2018中： 4.6.1条：灯具安装应牢固可靠； 4.6.9条：灯具构架应固定可靠、地脚螺栓拧紧、备帽齐全；灯具的螺栓应紧固、无遗漏； 4.6.11条：投光灯及其支架应安装牢固. 采用的螺栓及支架应做防腐处理
14	灯具用于固定灯罩面板的卡扣未关闭	依据《建筑LED景观照明工程技术规程》T/CECS 501-2018中4.6.1条：灯具安装应牢固可靠

序号	存在的问题	解决策略
15	配电箱锈蚀，箱内设备仪器未固定，配电箱门未做接地，未设置地（PE）排和零（N）排，线缆进出孔未封堵，未悬挂安全警示牌	依据《建筑LED景观照明工程技术规程》T/CECS 501-2018中： 4.5.2条：配电箱、柜安装牢固、平直，垂直度偏差不大于1.5‰，与基础型钢连接应采用镀锌螺栓，且防松装置齐全； 4.5.3条：配电箱、柜内宜分别设置中性导体（N）、保护导体（PE）汇流排，并有标识，各支路保护地线由汇流排引出。保护导体（PE）汇流排上的端子数量不应少于进出线回路的数量。汇流排上同一端子不应连接不同回路的中性导体（N）或保护导体（PE）； 4.5.8条：配电箱、柜内的配线应整齐、无绞接现象；导线不应有接头、不伤线芯、不断股

2.2 岭南气候对户外照明设施质量安全的影响

本书编制组调研的城乡照明设施主要分布在岭南地区，在调研过程中发现岭南地区的气候对户外照明设施的质量安全产生了较大的影响，现就此问题展开研究。

2.2.1 岭南地区户外照明设施

岭南地区地处亚热带沿海，北回归线从中南部穿过，属海洋性亚热带季风气候，以温暖多雨、光热充足、夏季长、霜期短为特征。全年平均气温20℃~22℃，平均相对湿度77%，年降雨量约为1720毫米。全年中，4~6月为雨季，7~9月天气炎热，多台风，10月、11月和3月气温适中，12月~次年2月为阴冷的冬季。全年雨热同期，雨量充沛，利于植物生长。鉴于此气候特点，对户外照明设施的影响主要来自雨水、台风、天气潮湿等因素（图2-1）。

照明设施属于电气设施，从电气设施的安全性考虑，最重要的是防止电气设施因绝缘不良、防触电措施不到位引发的人身触电危险。岭南的气候特点决定了户外设施经常会遇到被雨淋、被水浸的情形，这对于电气设备是非常危险的，

图2-1 潮湿的岭南城市街道

极易引发"漏电"伤人的意外。另外，岭南地区每年6～9月常会受到台风侵袭，部分设置于建筑物外立面的景观照明灯具还存在坠落的风险。通过调研分析，引发这种意外的原因主要有以下几点：

1. 户外照明设施设置部位不当。例如，根据《城市道路照明工程施工及验收规程》CJJ89-2012的规定：落地配电箱基础平面应高出地面200mm。但在调研过程中发现，部分照明配电箱直接安装于地面，甚至所处地面相较于周围属于低洼部位。当遇到较大降水时，必然会造成配电箱浸水，当水位触碰带电端子时就会"漏电"。

2. 户外照明设施不完整或破损。户外照明设施的不完整或破损会直接造成电气线路、电气装置裸露或雨水灌入，在雨天或潮湿天增加了"漏电"的风险。

3. 户外照明设施的电气绝缘装置破损或施工不规范造成绝缘失效。电气绝缘措施是防止人身意外触电的直接手段，也是最有效的手段，但往往由于日常养护和施工不规范等原因，造成绝缘装置破损，加之户外照明设施处于户外，不可避免地会受到雨淋、天气潮湿的影响，从而极易引发"漏电"伤人的事故。

4. 设置于建筑物外立面的照明设施安装不牢靠，且未设置防坠落装置。很多景观照明设置于建筑物外立面，受台风天气的影响，若照明设施安装固定不牢靠，且未设置防坠落装置时，就极易发生坠落伤人事件。

5. 户外照明设施未设置漏电保护措施，或漏电保护措施不完善。漏电保护措施的保护方式主要分为两种：直接防护和间接防护。直接防护主要通过对金属部件的接地实现，可导电的金属部件进行了接地，带电体触碰到已接地的金属部件时，金属部件的故障电压将大幅降低，对人身的触电伤害将大幅降低。间接防护是通过加装剩余电流保护装置（俗称漏电保护装置）实现的，当电气设施发生漏电时，漏电保护装置将第一时间切断故障电压回路，从而起到对人身的保护。这两种防护措施经常合并使用。

对于直接防护，虽然已接地的金属部件在发生对地故障时的故障电压值较低，但如果没有采取切断故障电压的措施，这一电压将会长期存在，而且在雨天时，人体电阻率较低，即便较低的故障电压仍可造成不可挽回的伤害，因此直接防护与间接防护合并使用将会产生良好的防护效果。但在实践应用中，很多户外照明回路并未安装漏电保护装置，要解释未安装漏电保护装置的原因首先要从漏电保护装置的保护原理说起。

漏电保护装置的保护原理是故障电流引发正常回路电流的相序不平衡促使保护装置动作，从而使断电得到保护。引发漏电保护装置动作故障电流的大小，是促使保护装置动作的直接因素。正常状态下供电回路因天气潮湿等原因会产生一定的泄漏电流，这一泄漏电流的表现形式与对地故障电流类似，只是正常情况下泄漏电流值很小，并不会引发漏电保护装置动作。但由于户外照明设施建设初期施工工艺不佳、后期养护不到位等诸多因素，这些都大大增加了泄漏电电流值，因此即便在正常使用状态下也极易引发漏电保护装置动作，尤其在雨天、潮湿天就更是"动作频频"，使得照明设施根本无法正常使用。因此很多户外照明设施为了能正常使用，就只好舍弃漏电保护装置，而仅采用"接地"这一单独的安全防护措施。这样的做法对于人身不易接近的照明设施尚可，但对于人身极易接近的道路路灯等仍存在安全隐患。

综上所述，岭南地区潮湿多雨的气候特征，对于户外照明设施的安全性产生了极大的挑战。

2.2.2　岭南地区户外水景灯

岭南地区水系发达，依山傍水景色宜人，因此居民休闲娱乐场所多存在水景设施，而水景灯成为水景设施夜间美化不可或缺的一部分，尤其岭南地区夏季天气炎热，很多市民喜欢在水中或喷泉周围嬉戏，为营造美化动感的环境氛围，水景照明在这其中应用广泛。

但近年来有关市民在亲水互动过程中引发的安全事件层出不穷，这其中危害最大的就是漏电伤人事故。人体在遇水后身体表面电阻将大幅下降，微小的漏电都可能对人产生严重的危害，加之这种亲水活动多以小孩为主，小孩身体对电流的耐受力明显弱于成人，因此产生的危害程度更高（图2-2、图2-3）。

1．水下或亲水环境漏电来源

水下或亲水环境的漏电主要来源于电气设备及与之配套的电气线路，分析其原因主要包括有以下几点：

图2-2　户外水景喷泉

图2-3　户外水景溪流

（1）灯具选型不当。灯具类型不适用于其所处水下或多水的环境，造成灯具内部进水引发漏电。

（2）与灯具等电器设备配套的线缆不适用于水下或潮湿场所，造成线缆绝缘损坏引发漏电。

（3）不规范的施工安装工艺和缺少有效的维护管理也是引发漏电的重要因素。

2. 水下或亲水环境漏电防范措施

关于防范水下或亲水环境景观照明设施漏电的技术措施与前述内容类似，此处不再赘述。从照明设施的设置与日常养护管理的角度，提出以下几点建议：

（1）对于有人直接接触甚至身处水中的环境（如泳池）不宜设置照明灯具。本书编制组通过收集相关资料，纵观国际比赛用的标准泳池，未见在水中设置照明灯具的做法。但在部分社区、酒店、甚至公共泳池中却存在水下灯具的情形。

这些灯具的存在，主要是从美化环境、提升形象的角度设置的，但这一做法与日后可能带来的安全隐患相比实在得不偿失。

（2）对于有人直接接触甚至处在水中的环境，若需要设置景观照明设施，应尽量避免将灯具及其配套线缆置于水中或和水接触，可采用泛光照明、透光照明等方式。

（3）水景照明设施的日常养护管理非常重要，应定期对照明设施的状况及安全性进行检查和必要的检测，发现疑似问题应尽快处理。

2.3 质量安全保证措施

2.3.1 提升照明工程质量

1. 严把材料关，防止劣质材料进场。对进场的原材料、半成品、预制品构件及各种设备的采购供应，严格执行材料供应"四验"（验规格、验品种、验质量、验数量）、"三把关"（材料人员把关、技术人员把关、施工操作者把关）制度，确保只有检验合格的原材料才能进入下一环节，为提升照明工程质量打下良好的基础。

2. 严格工序管理，合理安排施工。要克服当前城乡照明工程质量安全问题，把握好施工环节，把操作质量的责任具体落实到每一位施工员身上，严格按照相关标准、规范、规程进行作业，同时施工应该严格按照"三检"制度（自检、互检、交接检）执行，这样才能在源头把握照明工程质量。

3. 加强设施维护。照明设施的后期维护工作是提升照明工程质量的重要环节。首先，要不断加强对照明设施的巡查力度，增加巡查力量，确保及时发现问题、及时处理，实施责任到人，实行网格化管理。其次，制定各种养护作业流程，规范作业行为，从细节入手，不断提高管理标准，使其更加精细化。除此之外，还要延伸管理，扩大管理半径，注重协调均衡，从侧重城乡主次干道维护向背街小巷延伸，逐步实现精细化、人性化、科学化管理。把握每一个容易出现问题的关键点，定期进行检查，对城乡照明的各类功能缺陷与安全隐患做到及时发现、及时处理。

2.3.2 加强户外照明设施用电安全

1. 户外照明设施用电安全措施

（1）合理选择户外照明设施的安装部位。户外照明设施尽量避免在低洼积水处安装，如实在无法避免，可通过抬高户外照明设施基础平面，以及采取必要的疏浚等措施。例如：根据《城市道路照明工程施工及验收规程》CJJ 89-2012的规定，落地配电箱基础平面应高出地面200mm。对于岭南地区，结合各工程所处部位的特点，可适当提高落地配电箱基础平面高出地面的高度。另外，将照明配电箱安装在城市道路高架桥下、建筑物房檐下等可防雨淋的部位也是不错的选择。

（2）户外照明设施应严格选用适合户外使用的照明灯具，其防护等级应满足相应防水、防尘的规定。例如：根据《城市道路照明工程施工及验收规程》CJJ 89-2012的规定，灯具光源腔的防护等级不应低于IP54，灯具电器腔的防护等级不应低于IP43。根据《城市道路照明设计标准》CJJ 45-2015的规定，灯具的防护等级不宜低于IP65。

（3）提升工程建设施工工艺水平，加强日常养护管理的规范性。提升户外照明工程建设初期的施工工艺水平，从源头杜绝电气装置绝缘不佳、安装固定不牢固等现象的发生。日常照明设施的养护管理要规范化，选用专业化的养护单位，坚持"专业的人，干专业的事"，同时加强日常养护成效的监督，多措并举保证照明设施性能良好，安全可靠。

（4）大力推广应用新型漏电监测保护系统。为防止户外照明设施发生漏电等异常状况提供预判、实时的监测数据，提升发现故障的时效性，杜绝漏电伤人事故的发生。需要补充说明的是，虽然漏电电流监测系统采用信息化的手段，远程实时感知路灯的工作状态，大幅提升了巡检的成效，但人工巡检仍然不可替代，人工的经验优势是这一系统暂无法超越的。

（5）对于水景照明设施，若存在人身直接接触的可能，不宜在水中设置照明设施。若必须设置，应严格选用适用于水中的照明设施和线缆，并严格落实相关的施工工艺（如与水接触部位严禁有线缆接头等）并做好日常维护管理。

2. 户外照明设施漏电防护

前述已分析了"漏电"主要原因，此处不再赘述，关于传统漏电保护装置的应用由于存在前述的不足，显然不适合大面积推广应用。行业对于户外照明这类用电设施的安全性进行持续研究，随着技术的发展，有关于防漏电的新技术、新产品应运而生。

（1）"漏电流"对于漏电防护研究的应用

传统的漏电保护装置利用漏电流的存在促使保护装置动作，从而起到保护作用，但传统漏电保护装置之所以未能直接推广应用于户外照明设施，主要是因为传统的漏电保护装置的动作电流整定值为固定值，只要达到整定值即可启动。这一保护方式适用于周围环境良好、正常泄漏电流相对稳定的场所，如住宅等室内用电环境。对于户外照明设施，系统内正常的泄漏电流存在不稳定的状况，且由于天气、施工工艺、日常养护的成效、投入使用的时间长短等多种原因，这种不稳定呈现动态波动、跨度区间较大，甚至同一系统内不同回路的泄漏电流也相差较大，因此无法设定统一的泄漏电流动作值。为反映户外照明设施在正常工作状态下，供电系统内泄漏电流的情况，本书编制组随机对广州市范围内的45个道路照明配电箱内的160个PE线回路进行了PE线电流的检测，检测结果分布如图2-4所示：

PE线上电流值分布于0～4500mA范围内，其中88.1%的PE线回路电流小于等于500mA。如果仅考虑小于200mA的PE线电流，其电流分布如图2-5所示：

对于传统的漏电保护断路器，其标准动作电流一般为30mA、50mA、100mA、300mA等，可见根据实际调研结果，户外照明设施不适宜安装传统的漏电保护断路器。

户外路灯发生漏电，则必然存在漏电电流，而且漏电电流的大小与故障电压的大小或者故障的严重程度直接相关。虽然漏电故障电流与系统内正常的泄漏电流混杂在一起，但是正常的泄漏电流相对稳定，变化幅度不大。漏电故障发生时的漏电电流不仅电流值较大，且变化呈现突发性和不稳定性的特点。这一特点为我们利用"漏电流"的变化来研判系统是否发生漏电故障提供了依据。

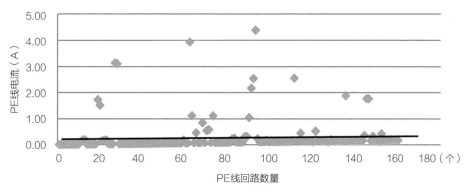

图2-4　PE线电流分布图

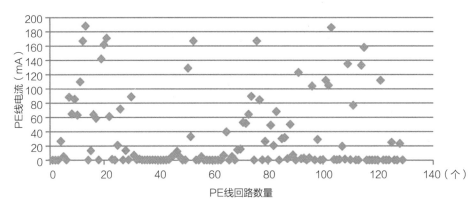

图2-5 PE线电流小于200mA分布图

（2）漏电电流监测系统

漏电隐患的最大特点是不确定性和隐蔽性，发生初期因为漏电电流较小或时有时无而不易察觉。随着时间的推移，漏电电流逐渐变大触电伤人事故会随机发生。特别是在暴雨发生时，漏电电流会借助积水、金属杆件护栏等传导至地面从而伤人。由于漏电隐患产生的时间和位置有一定的随机性，那些人工排查时是安全的路段，并不意味着真的安全，传统的人工巡检机制较难发现和预防这类事件的发生。因此设置一套监测配电系统漏电电流的在线系统，实现实时监测与报警，历史数据分析、风险趋势判断，可及时预防、化解漏电触电的风险。

广州市目前已在多个路段设置了"城市照明漏电监控管理系统"，这一系统采用漏电电流监测、漏电事件报警和预警分析辅助决策，融合了强电传感技术、嵌入式技术、人工智能技术和大数据分析技术，是软硬件一体化协同工作的实时在线监测预警平台。

通过调研发现实时在线监测预警平台主要的技术优势有以下几点：

• 变被动发现为主动预防

按照传统的运营维护方式，当路灯漏电引起设备不亮、跳闸、甚至人员受伤等事故后，才会被发现和处理。这与当前的安全发展理念相悖，从本质安全的角度考虑，应大力倡导"预防性维护"的机制。该系统就可以实现"预防性维护"，将被动抢修转变为常态化预防维修，对漏电隐患实施常态化检查、动态化管理，把隐患及时消灭在萌芽状态，实现不积累问题、使路灯设备处于本质安全状态。即使暂时不能解决的，也要进行风险辨识，制定控制措施，实施全方位风险管控。

• 用信息化手段提升巡检效率

城市市区路灯密度大，依靠人工巡检的方式，每组专职人员每天仅能巡检有限的路段；遇到雨季，人工巡检频率会进一步降低。该系统利用全自动感知技术手段，与传统人工巡检相比，大幅提升了巡检的效率，将抢修工作重点聚焦到如何预防和消除漏电隐患工作上。

• 通过数据分析研判指导预防工作

有了现场的感知设备，通过网络可实时获得设备的漏电数据。基于这些数据，可以对漏电隐患的发生地点和发生概率进行预期判断，从而对抢修单位的工作提供辅助提示。该系统不仅可以监测漏电流的变化数据，还可以根据需要将"水浸监测""开箱监测"等功能融合于一体，实现更全面的安全预警。

3. 户外照明设施用电安全改造案例

前述的漏电监控系统通过功能整合，并结合其他用电安全措施技术，现已应用于具体的工程。以岭南地区部分城市改造完成的照明设施建设或改造项目为例：

（1）广州市照明设施安全改造工程

①工程概述

该工程主要对翰景路、江南大道北、沙太南路和中山大学北门广场，共计342套箱式专变、497条出线回路、2125套照明开关箱进行改造，其中照明开关箱更换305套，照明开关箱出线开关回路改造4131个，并对50套灯杆进行电磁式剩余漏电微型断路器试点加装。

②路灯线路设施安全隐患整治

路灯电缆在灯杆或者接线井内连接时，通常采用传统的防水胶布缠绕，其质量受电工的操作水平影响比较大，另外由于长期在高温潮湿环境下，电流通过线缆接头造成的发热也会进一步降低防水及绝缘胶布的使用寿命，漏电风险增大。如若遇到暴雨天气造成路面积水，浸泡在水中的带电接头极易造成周围水域带电，行人走近时有触电的风险。

针对此情况，本工程对管辖范围内主要干道及重要典型路段的路灯、线路进行安全改造，在杆内分支电缆接头处采用新型防水接头代替以往铜套管（或热缩管），极大提高安全性（图2-6～图2-8）。

③漏电流监控系统的应用

针对前述漏电安全隐患，工程选用具有漏电流幅值保护和突变量保护功能的漏电保护装置，漏电流突变量保护动作电流在30～200mA之间可调，完美解决因接地电阻过大漏电电流过小不能产生可靠动作的问题，并设置单个灯杆装设漏电保护开关，与上级线路漏电保护对周边行人构成双重保护，极大地提高了供电安全性。

图2-6　新型防水接头

图2-7　改造后的照明配电箱

图2-8　中山大学北门广场新型投光灯

　　选用的漏电保护模块设置了短路保护、漏电电流幅值保护、漏电电流突变保护、过载保护、测量功能、监视功能、控制功能、时间记录、人机接口外，另配置了重合闸功能和通信功能。保护装置需具有3次重合闸功能，出现短路保护、漏电电流幅值保护、漏电电流突变保护时，跳闸后30s，保护装置重合，如果重合不成功，过15min再次重合，重合仍然不成功，过15min第三次重合，重合不成功，则不再重合，并发送闭锁信号。重合闸功能的设置极大地解决了维管部门的工作量，有效提高了维管效率，同时极大地降低了维护成本。

　　保护装置作为配电保护的基础设备，具有可靠的通信功能。装置采用

RS485现场总线，保证信息传输的实时性和可靠性。通过通信网络，保护装置将所有运行信息，包括遥测、遥信、线路故障等实时发送到上一级SCADA系统，保护动作信息不丢失，保护定值可以在系统远方调取并实时修改后下传。此功能的设置可以在控制中心后台对前端设备运行数据、故障、报警及动作信号进行收集并记录，同时可根据现场运行实际情况，实时调整漏电电流幅值和突变量保护动作值，给运维管理提供了极大的便利（图2-9、图2-10）。

（2）广州中心城区重要立交桥照明改造工程（二期）

①工程概述

本工程对广州市昌岗立交桥、盘福立交桥、客村立交桥、南洲立交桥、天河立交桥5个立交桥的功能照明，包括607套灯具、约15.67km长的电缆电线（包括控制箱电源进线、路灯供电干线和灯具内接线等）进行改造，改造后的灯具均为LED节能灯（图2-11）。

图2-9　城市照明漏电监控管理系统

图2-10　供电线路漏电
监测终端

图2-11　盘福立交桥俯瞰图

②智能系统的应用

本工程包括4个路灯三遥控制箱，采用智能化管理系统，并设置手动、光控、时控及调光4种控制方式，其中手动方式主要用于调试和系统检修；光控和时控方式，即根据所在地区经纬度和季节按光线强弱或按存储的日出日落时间自动设定并控制路灯启停，当白天因下雨或天黑时也能自动开灯，是主要的控制方式。在此控制方式的基础上，通过加装遥控终端，还可根据需要实现远程控制。

路灯智能化管理系统由单灯控制器、集中控制器及监控中心组成，采用电力线载波通信技术，在路灯控制箱中设置路灯智能集中控制器，并实现与当地路灯照明管理中心系统的顺利对接。路灯通过预置单灯控制器，与控制系统形成通信，进而实现对路灯的开关控制、节能调光、故障报警和防盗检测等监控功能（图2-12）。

图2-12 智能控制系统

2.3.3 改善城乡照明管理

1. 采取社会化管理

可采用招标投标的方式委托有资质的单位对城乡照明设施进行维护管理，主管单位定期对受委托的单位进行考评，并将考评结果与养护资金挂钩。既有利于增强责任意识，又能起到激励作用。

2. 推进城乡照明管理的信息化和智能化

可采用由单灯控制器、集中控制器及监控中心组成的照明设施智能化管理系统，实现对照明设施的开关控制、节能调光、故障报警和防盗检测等监控功能。此方法在提高照明管理水平的同时也降低了管理成本。

3. 强化监督管理，完善管理制度

管理制度是实施管理行为的依据，是社会再生产过程顺利进行的保证，合理的管理制度可以简化管理过程，提高管理效率。这就需要建立健全照明设施管理系统，清晰明确照明设施管理工作条理，实行责任到人制度，明确责任、权利之间的关系，避免一个工程多个领导指挥的情况，也要避免出现没人指挥管理的情况。提高照明管理的工作效率，还要将统一分级结合起来，根据各部门的职能将工作分配到位，从城市发展的宏观角度进行调控，要全面及时地完成市政设施维护工作。随着新工艺、新产品、新技术以及其他情况地出现，现行管理制度不能与实际情况相匹配时，管理制度需要及时进行修订，并且完善相关配套制度。

第3章

城乡照明绿色节能技术应用

随着我国城市化进程的不断加快，城乡道路基础设施的建设规模逐渐加大，照明作为城乡基础设施建设的重要组成部分，其规模也逐渐扩大，从而导致照明能源消耗越来越大。据数据显示，全国发电量的1%用于道路照明，而道路照明电能利用率却不到65%，因此提高照明电能利用率必定是未来照明建设的发展方向，城乡照明绿色节能技术发展空间非常广阔。在照明的发展过程中，节能研究的"脚步"从来就没有停止过，本书通过对现有的照明节能技术措施的整理，分析道路照明的主要节能技术，希望对城乡照明绿色节能工作提供帮助，更加期望能发现一些适合地方特点、行之有效的照明节能方式。

3.1 城乡照明绿色节能技术应用背景

近年来，城乡道路照明伴随着我国城乡建设的高速发展，获得了快速地增长。城乡照明工程属于城乡基础设施建设，是国家投资的公共设施建设的一部分，随着国家对道路建设的持续投入，我国道路长度和面积逐年增加，照明设施也随之增加。国家统计局数据显示，2004-2016年，我国城乡实有道路长度从22.3万km增加到33.6万km，年均增长率4.25%。与此同时，我国城乡道路照明灯具数量由1053.15万盏增加到1亿盏以上，年均复合增长率超过20%，因此城乡道路照明行业呈现持续快速发展的态势。

在政府大力提倡环保节能的21世纪，高效节能的"绿色环保"技术在城乡照明设计、施工以及管理控制等系统中得到广泛应用。随着城镇化水平的加快，城乡照明系统的发展不断加快，照明设施也越来越多，其能源消耗也在快速上升，因此如何减少能源消耗，提高能源利用率迫在眉睫。

人口、资源和环境是当前世界各国普遍关注的重大问题，它关系到人类社会稳定、和谐以及可持续发展，照明设施的建设与使用与其密切相关。我国改革开放40多年来，国力不断提升，经济快速发展，但能源资源短缺、环境污染的问题也日益突出，贯彻落实科学发展观，节能减排，建设节约型社会，促进经济可持续发展，已成为我国当今乃至今后相当长的时期内确立的发展战略。

目前，绿色照明节能工程在一些国家已取得巨大的社会、经济和环境效益，绿色节能实质上是全球兴起的节约能源，保护环境的绿色行动的组成部分，绿色节能照明的前景广阔，有巨大的发展潜力。大力度、全方位实施绿色节能照明是我国今后照明科技的长远发展目标，因此对城乡照明绿色节能技术应用的研究尤为重要。

绿色节能照明的宗旨是提高照明质量、节约能源、保护生态环境，以获得显著的经济效益、社会效益和环境效益。我国于1996年开始实施《"中国绿色照明工程"实施方案》，至今取得了巨大的成效，随着时代的发展，照明工程基数不断变大，绿色环保照明的实施也显得越来越重要。

人工照明主要是由电能转换为光能，而电能又大多来自于化石燃料地燃烧。据估算，地球上的石油、天然气和煤炭的可采年限有限，世界能源资源所面临的形势不容乐观。节约能源，延长其枯竭年限，对地球资源的保护和实现人类社会可持续发展具有重大意义。

据统计，我国年人均照明用电量平均只有180kW·h，与发达国家年人均照明用电量约为1200kW·h相比较，处于严重偏低水平，所以照明总用电量还会持续增长，未来用电需求量巨大，节约能源任务十分艰巨。

电能是一种二次能源，它必须消耗一次能源（煤炭、石油、天然气、水力、核能等）以火力发电、水力发电、核能发电等方式才能获得。在我国，火力发电装机容量约占总装机容量的75%，主要以煤为发电原料，用此方式，在发电过程中会产生大量二氧化硫、氮氧化物等有害气体以及粉尘等污染物，造成地球的臭氧层破坏、全球变暖、酸雨以及粉尘污染等问题。全球变暖的因素中，由二氧化碳产生的温室效应是主要原因之一，而地球上大约80%的二氧化碳来自煤炭等化石燃料的燃烧。节约电能，对于环境保护的意义重大，通过实施绿色照明工程，节约照明用电量，就可以相应减少发电过程中污染物的排放量与能源的消耗。

提高照明品质，应以人为本，有利于生产、工作、学习、生活和身心健康。人类长期在自然光下生活，人眼对自然光的适应性好，自然光条件下的视觉灵敏度高于人工光源的5%～20%。实施绿色照明，充分利用自然光，采用高效优质的照明电器产品，有利于构建舒适、安全的光环境。提高人们的工作和生活质量。具体体现在照明的照度应符合该场所视觉工作的需要，而且有良好的照明质量，如照度的均匀度、良好的眩光限制、光源的显色性以及较长使用寿命等。

节约能源和保护环境必须以保证照明设施的数量和质量为前提，创造有益于提高人们生产、工作、学习效率和生活质量，保护身心健康的绿色照明，因此采用高光效的光源、灯具和电器附件以及科学合理的照明设计是至关重要的。我国照明产业经过30多年的发展，已初步形成了包括照明外延片的生产、照明芯片的制备和封装以及照明产品应用在内的较为完整的产业链。

目前国内在照明领域已经形成一定特色，LED绿色节能照明在城市灯光环境中得到了广泛的应用。许多城市把绿色光源照明技术应用于城市灯光环境建设中，产生了良好的效果，也积累了丰富节能照明工程建设与使用的经验。全国已有上百家LED路灯企业主动利用绿色节能EMC模式参与建设LED绿色照明示范道路，为产品研发和应用实践积累了丰富的经验。

从长远发展看，世界照明工业正在转型，许多国家提出并实施淘汰白炽灯、推广节能灯计划，将半导体照明节能产业作为未来新的经济增长点。随着我国产业结构调整、发展方式转变进程地加快，绿色照明节能产业作为节能减排的重要机制迎来了新的发展机遇。

3.2 节能照明设施研究

3.2.1 照明光源

照明光源是以照明为目的，辐射出主要为人眼视觉的可见光谱（波长380～780nm）的光源。随着科技的进步，光源的种类越来越多，但功率从0.1W到20kW的光源，占电光源总量的95%以上，按发光形式分为热辐射光源、气体放电光源和电致发光光源3类。

1. 热辐射光源：电流流经导电物体，使之在高温下辐射光能的光源，包括白炽灯和卤钨灯两种。

2. 气体放电光源：电流流经气体或金属蒸气，使之产生气体放电而发光的光源，包括高压汞灯和高压钠灯等。

3. 电致发光光源：在电场作用下，使固体物质发光的光源。它将电能直接转变为光能，包括场致发光光源和发光二极管两种。

光源的使用要全面考虑其使用场合，不同的使用场合对光源的光通量、发光效率、寿命、点燃时间、色温及显色指数等有不同的要求，同时也要考虑其造价、功耗及环保性等。通过分析光源性能，确定其最佳使用场景，从而提高光源使用的性价比，减少污染，节约能源。

1. 常见光源性能分析

（1）白炽灯（图3-1）

图3-1　白炽灯

①光通量：根据不同的功率，白炽灯的光通量在几十到1100lm之间。

②发光效率：白炽灯功率的75%以上都以红外线的方式将产生热能辐射掉，仅有小部分能量转换成可见光，因而普通白炽灯的光效不高，为10～15lm/W。

③寿命：白炽灯的平均使用寿命较短，一般为1000h。

④点燃时间：能够瞬时启燃和再次启燃。

⑤色温及显色指数：色温一般为2400～2900K，其显色性很好，显色指数可达99。

⑥普通白炽灯亮度大、易产生眩光。

（2）节能灯（图3-2）

①光效、光通量要求：小于15W的光效要求不小于45lm/W；大于等于15W的光效要求不小于60lm/W。

②色温及显色指数：色温偏差小，一致性好，显色指数不小于80。

③寿命：

a.有效寿命8000h以上（流明维持率达到70%以上）；

b.在有效寿命期内、高温85℃环境及低温-20℃环境条件下，能稳定可靠地工作；并且在上述温度条件下耐电压波动的冲击，节能灯能稳定可靠地工作。

④启动时间：不大于1s。

（3）荧光灯（图3-3）

①光通量：荧光灯在使用过程中光通量有明显的衰减现象，点燃100h后光通量输出比初始光通量输出下降2%~4%，之后光通量下降将比较缓慢，因此，荧光灯的额定光通量一般是指点燃了100h后光通量的输出值。

②发光效率：荧光灯的发光效率较高，一般为27～821lm/W。荧光灯的光效与使用的荧光粉的成分有很大关系。三基色荧光粉的光效最高，比普通荧光灯高出20%。

图3-2　节能灯

图3-3　荧光灯

③寿命：荧光灯的使用寿命是指使用到光通量为其额定光通量70%时的有效寿命，平均使用寿命12000h。

④电压特性

荧光灯的灯管电流、电功率和光通量基本上与电源电压成正比，而灯管电压和光效与电源电压成反比。因此，电源电压变化时，都会不同程度地影响灯的性能。

电源电压过高或过低，都会使荧光灯的寿命下降。如果电源电压过高，灯管工作电流增大，电极温度升高，电子发射物质的消耗也增大，促使灯管两端早期发黑，寿命缩短；如果电源电压降低，电极温度降低，灯管不易启动，即使启动了，也由于工作电流小，不足以维持正常的工作温度，导致电子发射物质溅射加剧，同样会降低寿命。

⑤环境对荧光灯性能的影响

环境条件对荧光灯的工作性能影响较大，当环境温度和湿度发生变化时，将影响荧光灯的光效和启动。低温低压的条件下，荧光灯将难以启动。

⑥频闪效应

用交流电点燃荧光灯时，在电源正负半波内，随着电流的增减，荧光灯的光通量发生周期性的明暗变化，因此荧光灯工作时，其光通量将以两倍的电源频率闪烁。由于荧光粉余晖的使用，肉眼一般感觉不到闪烁的存在，但当使用荧光灯照射快速运动的物件时，往往会降低视觉分辨能力，即产生频闪效应。

消除频闪效应的方法有：采用双管或三管荧光灯照明，分别用电源的不同相供电；采用单管荧光灯，用移相电路供电；采用电子镇流器使荧光灯在高频状态下工作以及采用荧光灯管直流供电。

（4）高压汞灯（图3-4）

①光效：高压汞灯发光效率比较高，光效为30～50lm/W。

图3-4　高压汞灯

②启燃与再启燃特性

高压汞灯启动首先从主电极和辅助电极之间的辉光放电开始，随后过渡到两个主电极之间的弧光放电。可见，高压汞灯从启动到正常工作需要一段时间，通常为4~8min。此外，在低温环境中，高压汞灯的启动将很困难，甚至不能启动。

高压汞灯熄灭以后，不能立即启动。因为灯熄灭后，内部还保持着较高的汞蒸气压力，要等灯管冷却、汞蒸气凝结后才能再次点燃。冷却过程需要5~10min。在高的汞蒸气压力下，灯不能重新点燃是由于此时电子的自由程很短，在原来的电压下，电子不能积累足够的能量电离气体。

③寿命：高压汞灯的寿命很长，国产普通型和反射型高压汞灯的有效寿命为5000h，自镇流荧光高压汞灯一般为3000h，目前国际先进水平可达24000h。影响高压汞灯寿命的主要原因有管壁黑化引起的光衰，电极电子发射物质的消耗，启燃频繁等。

④色温与显色指数：色温约为5000~5400K，显色性差，显色指数一般为30~40。

⑤高压汞灯的汞蒸汽泄漏以及灯管使用报废后被打碎的玻璃屑中含有一定量的汞，后者称为："汞渣"，不处理会污染土壤、水体，危害作物、果蔬或被动物、人体吸收产生伤害。

（5）高压钠灯（图3-5）

①光效：光效很高，达90~150lm/W。

②色温与显色指数：色温在2000~2100K，显色性很差，显色指数为20~25。

③启燃与再启燃特性：高压钠灯的启燃时间一般为4~8min，灯熄灭后不能立即再点燃，大约需要10~20min让金属片冷却，使其触点闭合后才高能再启动。

图3-5　高压钠灯

④寿命：高压钠灯的寿命很长，国外的可达20000h，国产的寿命也在10000h左右。

⑤电源电压变化对高压钠灯的影响

高压钠灯的灯管工作电压随电源电压的变化而发生较大变化，电源电压偏移对高压钠灯的光输出影响也较大。如果电源电压突然降落超过10%，灯管有可能自己熄灭。为了保证高压钠灯能稳定工作，对它的镇流器有特殊的要求，从而使灯管电压保持在稳定的工作范围内。

⑥高压钠灯的伏-安特性

高压钠灯同其他气体放电灯泡一样，工作在弧光放电状态，伏-安特性曲线为负斜率，即灯泡电流上升，而灯泡电压反而下降。在恒定电流条件下，为了保证灯泡稳定地工作，电路中必须串联一个具有正阻特性的电路元件来平衡这种负阻特性，稳定工作电流，该元件被称为镇流器或限流器。

高压钠灯必须串联与灯泡规格相应的镇流器后方可使用。高压钠灯的点灯电路是一个非线性电路，功率因数较低，因此在电路上要接补偿电容，以提高电路的功率因数。

（6）金属卤化物灯（图3-6）

①光效：光效高，平均值为70～100lm/W，最高可达150lm/W。

②寿命：寿命长，最长可达20000h以上。

③启燃与再启燃特性：金属卤化物有一个较长的启动过程。由于金属卤化物比汞难蒸发，金属卤化物灯的启燃和再启燃时间要比高压汞灯略长一些，从启动到光电参数基本稳定，一般需要4min左右，而达到完全稳定则需要15min。金属卤化物灯在关闭或熄灭后，需要等待10min左右才能再次启动。

④电源电压变化的影响

金属卤化物灯的灯管工作电压随电源电压的变化而发生较大变化，电源电压发生变化时，灯的参数会发生较大的变化，对金属卤化物灯的光输出影响也较大。例如钠铊铟灯在电源电压变化±10%时，色温将降低500K或升高1000K。如果电源电压突然降低10%，灯管可能自己熄灭。为了保证金属卤化物灯能稳定工作，要求电源电压变化不超过额定值的正负5%。

⑤金属卤化物灯内的填充物中有汞，汞是有毒物质，制造灯具注汞时，如果处理不慎，会造成生产环境污染，有损工人的身体健康。放电管排气时，有微量的汞蒸气排出，若处理不当，会直接排入大气；当使用的灯破损时，会对环境造成污染。

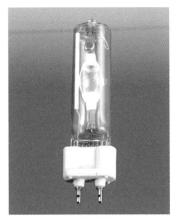

图3-6 金属卤化物灯

图3-7 LED灯

（7）LED灯（图3-7）

①节电、寿命长

LED单管功率为0.03~0.06W，采用直接驱动，单管驱动电压为1.5~3.5V，电流为15~20mA。在同样照明效果的情况下，耗电约为白炽灯的1/8。LED灯体积小、重量轻，环氧树脂封装，可承受高强度机械冲击和振动，不易破碎，理论平均寿命达100000h，LED灯具使用寿命可达5年以上。

②安全环保

LED灯是冷光源，发热量低，无热辐射，可以安全接触；能精确控制光型及发光角度，光色柔和，无眩光。特别是LED灯不含汞、钠元素等可能危害人体健康的物质，其废弃物可回收，无污染，这是绿色光源的重要指标。

③适合城市景观照明

LED灯启动时间只有几十纳秒，可反复频繁亮灭；LED光源色彩纯正、丰富，可演变任意色彩，其装饰性较好。LED光源体积小，可以做成点光源，并可以进行多种组合，从而形成点、线、面、体多种形状；LED光源通过智能化控制技术，对点状LED光源组合进行动态控制、闪变控制，适合形成"点、线"；进行渐变控制，适合形成"面"，使图案纵向、横向动感变化。以上3种变化也可形成球体的旋转运动，能够做到单灯控制和群灯控制。

④经济性

LED灯的省电性高于节能灯，但是初期购买成本较高。

2. 常见光源应用

常见光源应用场景指南如表3-1所示：

常见光源应用场景指南 表3-1

光源类型	应用场景
白炽灯	照度要求不高的厂房、要局部照明的场所和事故照明灯、开关频繁的信号灯或舞台用灯、电台或通信中心，为了防止气体放电灯引起干扰的场所、需要调节光源亮暗的场所、医疗用的特殊灯具
荧光灯	高级宾馆、医院、电影院
节能灯	居室照明、办公照明、工业照明、酒店、商场
高压汞灯	工业照明、庭院照明、街区照明
金属卤化物灯	金属卤化物灯适用于要求高照度、高显色性的场所。例如：工业照明、城市美化、商业照明、体育场照明、道路照明
高压钠灯	高压钠灯适用于需要高照度和高光效，且对显色性要求不高的场所，如机场跑道、交通要道、航道、码头、车站等
LED灯	城市景观照明、室外LED路灯、隧道灯、交通信号灯

3.2.2　太阳能路灯

太阳能路灯是利用太阳能光伏板把自然界太阳光转化为电能储存在电池中，并由智能化充放电控制器控制其充放电，是代替传统公用电力照明的节能路灯。太阳能路灯一般使用LED灯具作为光源，无需铺设线缆、无需交流供电、不产生电费。太阳能路灯省心省事，能节省大量的人力和能源，是一种新型节能绿色照明设施，其典型样式如图3-8所示。

1. 太阳能路灯的基本构成及功能

太阳能路灯由以下几个部分组成：太阳能电池板、太阳能控制器、蓄电池组、光源、灯杆及灯具外壳。如输出电源为交流220V或110V，还要配置逆变器（图3-9）。

（1）太阳能电池板

太阳能电池板是太阳能路灯中的核心部分，也是太阳能路灯中价值最

图3-8　太阳能路灯典型样式

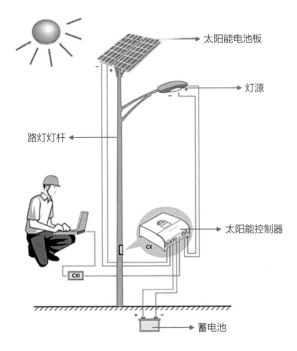

图3-9　太阳能路灯基本构成

高的部分。其作用是将太阳的辐射能力转换为电能，送至蓄电池中存储起来。在众多太阳能电池中较普遍且较实用的有单晶硅太阳能电池、多晶硅太阳能电池及非晶硅太阳能电池三种。多晶硅太阳能电池生产工艺相对简单，价格比单晶低，适用于太阳光充足日照好的东西部地区。在阴雨天比较多、阳光相对不是很充足的南方地区，采用性能参数比较稳定的单晶硅太阳能电池。非晶硅太阳能电池对太阳光照条件要求比较低，一般使用在室外阳光不足的地区。

（2）太阳能控制器

无论何种类型的太阳能路灯，为了延长蓄电池的使用寿命，必须对它的充电放电条件加以限制，防止蓄电池过充电及深度充电，因此一个性能良好的充电放电控制器是必不可少的。在温差较大的地方，合格的控制器还应具备温度补偿功能。同时太阳能控制器应兼有路灯控制功能，具有光控、时控功能，并应具有夜间自动切控负载功能，便于阴雨天延长路灯工作时间。

（3）蓄电池组

由于太阳能光伏发电系统的输入能量极不稳定，所以一般需要配置蓄电池系统才能工作。一般有铅酸蓄电池、Ni-Cd蓄电池、Ni-H蓄电池。蓄电池容量的选择一般要遵循以下原则：首先在能满足夜晚照明的前提下，把白天太阳能电池组件的能量尽量存储下来，同时还要能够存储满足连续阴雨天夜晚照明需要的电能。蓄电池容量过小不能够满足夜晚照明的需要，蓄电池过大，一方面蓄电池始终处在亏电状态，影响蓄电池寿命，同时造成浪费。蓄电池应与太阳能电池板、路灯用电负荷相匹配。

（4）灯具及灯杆

太阳能路灯采用何种光源是太阳能灯具是否能正常使用的重要指标，一般太阳能灯具采用低压节能灯、低压钠灯、无极灯、LED等光源。

太阳能路灯灯杆的高度应根据道路的宽度、灯具的间距及道路的照度标准确定。灯具外壳及灯杆材料应选择节能环保材料，宜美观且实用。

（5）逆变器

逆变器是把直流电能（电池、蓄电瓶）转变成交流电（一般为220V，50Hz正弦或方波）的转换器。通俗的讲，逆变器是一种将直流电（DC）转化为交流电（AC）的装置。如果太阳能路灯的光源需要交流电则需要配置逆变器。

2. 太阳能路灯的特点

太阳能路灯在智能控制器的控制下，白天太阳能电池板经过太阳光的照射，吸收太阳光能并转换成电能，向蓄电池组充电，晚上蓄电池组提供电力给光源供电，实现照明功能。通过对其组成及工作原理的分析，太阳能路灯具有以下优点：

（1）安装简易。太阳能路灯安装时，不用铺设复杂线路，也不用配套的供电设施，只需固定太阳能灯杆及安装太阳能电池板等设施配件即可。相比较市电路灯，没有复杂的作业程序，不用铺设电缆，挖沟布管、管内穿线、回填等大量土建施工，节省了大量人力、物力、财力。

（2）节省费用。太阳能路灯一次投资、长期受益，相较于市电路灯，由于线路简便，无需长期不间断的对线路进行检修，节省人工成本，不产生昂贵电费。

（3）安全性高。太阳能路灯由于采用的是12~24V低压，电压稳定，运行可靠，安全性极高。另外太阳能路灯不需要敷设线路，也不需要市电通过变压器、配电箱等配电设施供电，不存在用电安全隐患。

（4）节能环保。太阳能路灯利用自然光源，无需消耗电能，而且取之不尽用之不竭，符合节能绿色环保要求，无污染、无辐射。太阳能路灯通过智能控制器设置的自控、时控开关装置可根据全天24小时内的天空亮度和人们在各种环境中需要的亮度自动调节，减少光污染及能源浪费，使人民的生活更加便捷，保护生态环境。

太阳能路灯在使用过程中，也会存在一些缺点，主要包括以下几点：

①太阳能路灯较市电路灯结构复杂，组成部件较多，更换部件的成本较高。

②核心部件——蓄电池的使用寿命有限，性能衰减严重。据现场调研了解，多数蓄电池在使用5年左右就发生明显的性能衰减，造成供电时间短，甚至无法供电的情况。

③太阳能路灯分布区域广，且多处于偏远地区，从而造成维护周期长，甚至出现较长时间无人维护的问题。另外，人为损坏或蓄电池被盗现象时有发生，给日常维护增加了困难。

④太阳能路灯受天气或周围环境的影响大。部分太阳能路灯布局不合理，长期受到周围建筑物、山峰、树林的遮挡，造成路灯长期不亮（图3-10）。

3. 太阳能路灯的推广及应用

近些年，随着太阳能这种清洁环保的能源为大众所熟识，太阳能灯具的使用越来越广泛，种类也越来越多。太阳能路灯、庭院灯、景观灯应用越来越广泛，太阳能路灯正在渐渐进入人们的视野。它以无需敷设电缆、不消耗常规能源、使用寿命长等优点得到了社会的广泛认可，很多城市和乡村也开始以试验或示范的形式，在部分地区、部分道路推广使用太阳能路灯，并达到了一定的效果。

图3-10 绿植遮挡太阳能路灯

图3-11　太阳能庭院灯

图3-12　太阳能草坪灯

　　随着太阳能发电产业的迅速发展，光伏应用的领域正在逐渐扩大，各种光伏新产品不断涌现。在照明路灯中，作为技术和艺术相结合的太阳能照明系统–太阳能路灯，开始在我国很多地区广泛应用。由于太阳能电池产量的大幅度增加以及我国改革开放以来国民经济实力的提高，太阳能照明灯具开始进入我们的生活，如太阳能路灯、太阳能庭院灯（图3-11）、太阳能草坪灯（图3-12）、太阳能景观灯（图3-13）等既适用于太阳能资源丰富区，又适用于太阳能资源较丰富区和太阳能可利用区。

图3-13　太阳能景观灯

太阳能路灯既可用于城镇居民小区、高档住宅区、花园别墅、公共绿地、城市广场、道路的照明，又可用于常规能源匮乏，缺少维护人员及难以使用市电的偏远地区，在这些地区具有良好的性价比。

当前国际常规能源价格不断上涨，国内能源供应紧张，许多城市出现拉闸限电的情况，能源替代已上升到国家能源战略安全的高度。太阳能作为无限可再生能源，逐步部分替代城市生产、生活常规能源已是大势所趋。

太阳能照明作为太阳能最重要的利用方式之一，也越来越受到能源行业和照明行业的关注。目前中国太阳能照明技术发展迅速，太阳能路灯具的可靠性得到很大程度的提高，业界先进企业的太阳能照明灯具已经达到甚至优于国家照明标准。太阳能照明灯具在中国大规模推广的条件已经成熟，节能环保的太阳能路灯将是灯具发展的方向之一。人们的消费着眼点首先是实用、成本低，而目前采用的太阳能发电照明系统是根据中国国情和民情研发的，性价比较高，太阳能照明是未来照明行业发展趋势。

3.2.3　风光互补灯

风光互补是一套发电应用系统，该系统同时兼具太阳能光伏发电和风力发电的功能，并将二者发出的电能存储到蓄电池中，蓄电池中的电能可供用电设备使用。因此风光互补灯就是具有风光互补发电系统的照明设施。其典型样式如图3-14所示：

图3-14　风光互补灯典型样式图

1. 风光互补灯基本构成及功能

风光互补灯从其结构组成看，主要包括以下几部分：太阳能光伏板、风力发电机、蓄电池、控制器、逆变器、灯具、灯杆等配套设施。各主要组成部分的功能分析如下：

（1）太阳能光伏板和风力发电机是电能产生装置，其中太阳能光伏板是将太阳能转换为电能，风力发电机是将风能转化为电能。由此可见，风光互补灯的电能来源于太阳能和风能，都属于清洁能源。

（2）蓄电池是电能存储装置，是将发电装置产生的电能存储在蓄电池中，待需要用电时，由控制器发出指令，将电能输送给照明灯具。

（3）逆变器是将直流电能转换为交流电的转换设备，一般太阳能光伏板和风力发电机产生的是直流电能，电能储存于蓄电池中。当用电设备需要电能时，蓄电池将存储的电能输送给用电设备，若照明灯具是交流灯具，其所适配的电能也必须是交流电，这时就需要在蓄电池与照明灯具间设置一个将直流电转换为交流电的转换装置，这个装置就是逆变器。逆变器存在与否主要取决于蓄电池存储电能与用电设备正常工作所需电能是否一致，当不一致时就需要设置逆变器。当前LED灯具被大量推广应用，LED光源可直接采用直流电作为其供电电源，因此若采用LED光源可不配备逆变器。

（4）控制器的作用是控制整个系统的工作状态，并对蓄电池起到过充电保护、过放电保护的作用。在温差较大的地方，合格的控制器还应具备温度补偿的功能。其他附加功能如光控开关、时控开关都应当是控制器的可选项。

综合上述，风光互补系统的工作原理如图3-15所示：

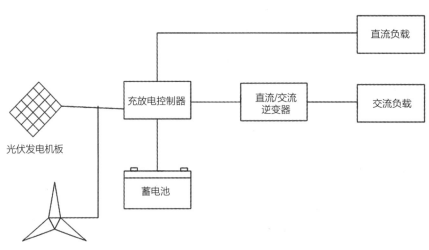

图3-15 风光互补系统的工作原理图

2. 风光互补灯的特点

通过上述对风光互补灯的组成及工作原理分析，风光互补灯是对清洁能源的典型应用。其应用优势分析如下：

（1）风光互补灯集发电装置、传输及控制装置、储能装置、照明灯具于一身，自成体系，其安装应用环境灵活，具有极强的独立性。与传统的市电路灯比较，可省掉供电线路的敷设，不受限于电源获得的方式困扰。

（2）由于"风光互补"的结构组成，这类灯具的电能来源于太阳能和风能。相比太阳能路灯，增加了一种能源的来源途径，可有效的避免因天气或周围树木遮挡等环境因素造成的电能储备不足，因此供电可靠性得到有效提升。

（3）当前风光互补灯的灯具基本都使用直流供电的LED光源，在上述风光互补灯的结构组成分析中提到，当光源采用直流供电的LED光源时，可不使用逆变器，直接将蓄电池的电能通过输电线路送给灯具。因此风光互补灯节省了逆变器的使用，大幅降低了建造成本。

（4）风光互补灯使用的是经太阳能、风能转换为电能的清洁能源，其使用过程对环境"零污染"，使用成本也近乎为"零"。

（5）风光互补灯蓄电池的供电电压普遍为直流12～24V，此低电压对于用电安全性大有裨益。

3. 风光互补灯的推广与应用

通过对风光互补灯使用优势的分析和研究，在以下应用场景中可大力推广应用：

（1）市电供应紧张或无市电基础设施的偏远地区。

（2）对于路灯使用过程中产生的电费成本敏感的地区。

（3）具有良好光照或风力资源丰富的地区。

（4）天气多雨，气候潮湿，且日常养护人员配备紧缺的地区。

风光互补灯用电电压普遍为直流12～24V，这一电压对于人身安全而言属于安全电压。因此对于岭南地区雨水较多、天气潮湿的气候特点非常适用这类照明设施，而且对于因养护人员不足造成的养护不到位而引发漏电的情形也可有效应对（图3-16）。

风光互补灯具有诸多的应用优势，其推广应用的前景广泛。但这类照明设施在推广应用过程中要特别注意其自身的使用特点和限制条件，否则其使用成效将大打折扣。具体分析和建议如下：

（1）从风光互补灯的电能来源得知，若存在影响太阳能光伏板和风力发电机正常工作的因素，将会影响到风光互补灯的正常使用。太阳能光伏板是将收集到的太阳能转换为电能，转换的电能多少直接取决于太阳光照强度和光照时长。

图3-16　风光互补灯使用路段

因此当太阳能光伏板被树木遮挡或因为阴雨天气而造成光伏板接收阳光不足时将影响到太阳能转换为电能的多少。

风光互补灯中风力发电机为电能的产生提供了与太阳能截然不同的途径，它是当太阳能不足时，对电能提供的有效补充，就像"风光互补"的名词一样，实现了互补的作用。但同时也要注意到，风能的获得同样也会受到自然环境、所处部位等因素的影响。

风光互补灯的规划除了应考虑当地人口分布、经济条件外，还应重点考虑路灯布设地区的环境因素，应布设在采光良好、风能充足的地区，或是采光与风能可实现良好互补的地区。该市所处自然环境气候属于亚热带气候，降水丰富，绿植茂密，因此在布设时应特别关注绿植对太阳能光伏板的遮挡，应采取一定的避让措施，并辅以良好的日常管理，及时修剪树木。

（2）蓄电池是风光互补灯的重要组成部分，其性能优劣直接影响照明设施的照明效果。本书编制组在调研期间发现，早期建设的一批太阳能路灯，使用至今普遍存在蓄电池老化，储电性能差的现状，造成夜晚亮灯时间短等不良状况，其更换的成本也较高。另外，这批太阳能路灯，其蓄电池多埋设于地下，维修更换存在诸多不便。

随着当前技术发展的日新月异，蓄电池储电性能已大幅提高，且"免维护"、"环保"等优点也更加有利于其推广应用。国内目前被广泛使用的太阳能蓄电池主要有铅酸免维护蓄电池和胶体蓄电池这两类蓄电池，因为其"免"维护特性并且较少污染环境的特点，很适合用于性能可靠的太阳能电源系统，特别是无人值守的工作站。

（3）风光互补灯的工作电压普遍为12~24V，因为其工作电压低，对于用电安全性具有非常突出的优势，因此在有关的施工安装和日常维护过程中，经常疏忽了电线连接端的绝缘可靠性。甚至在调研过程中发现，电源线及连接端裸露在外的情形，当两极性不同的连接端触碰时将会产生电弧，存在引发周围杂草起火的隐患。因此，风光互补路灯在建设及日常养护过程中要加强有关电线连接、敷设及绝缘的处理，不可因其具有"安全电压"而麻痹大意，反而引发事故。

（4）因为风光互补灯工作电压低的特点，其功率相比较市电路灯较低，带来的弊端就是灯具的光照度低。因此，对于道路照度有较高要求的路段，不太适宜采用此类照明设施，相应的在采用此类路灯的道路，应充分考虑设置的间距合理性，以满足使用需求。

3.3 城乡照明绿色节能技术应用

3.3.1 照明节能

照明节能是绿色照明中的基础性要求，且相关技术随着LED光源及照明控制技术的不断进步而愈发成熟，结合各类标准规范的要求，关于城乡道路照明的节能技术指标收集汇总如下。

1. 道路照明节能

（1）机动车交通道路的照明功率密度值必须满足表3-2的规定。

机动车交通道路的照明功率密度（LPD）　　　　表3-2

道路级别	车道数 N（条）	照明功率密度最大值（W/m^2）	对应的照度值（lx）/亮度值（cd/m^2）
快速路主干路	$N \geqslant 8$	0.85	30/2.0
	$6 \leqslant N < 8$	0.90	
	$N < 6$	1.00	
次干路	$N \geqslant 6$	0.55	15/1.0
	$4 \leqslant N < 6$	0.60	
	$N < 4$	0.65	
支路	$N \geqslant 2$	0.45	10/0.75
	$N < 2$	0.50	

注：本表仅适用于设置连续照明（且采用LED灯具）的常规路段。

（2）人行道路的照明功率密度值宜符合表3-3规定。

人行道路的照明功率密度（LPD）　　　　　　　　　表3-3

照明功率密度最大值（W/m²）	对应的照度值（lx）/亮度值（cd/m²）
1.00	20/-
0.75	15/-
0.60	10/-
0.30	5/-

注：①本表仅适用于设置连续功能性照明（且采用LED灯具）的常规路段。
　　②当机动车道照明兼做人行道路照明时，机动车道灯具安装功率可按不超过"机动车道面积×车道LPD+1/2×人行道路面积×人行道LPD"来确定。
　　③本款所指"人行道路"，可供行人或非机动车单独或混合使用。

（3）路灯配电变压器应选用节能型。

（4）配电回路功率因数不应低于0.9。

（5）LED灯具选择应符合下列要求。

①灯具额定光效应满足表3-4规定。

灯具额定光效最小值　　　　　　　　　表3-4

应用场所	主干路、快速路	次干路	支路、非机动车道、人行道
最小额定光效lm/W	80	70	60

②在满足其他相关标准的前提下，灯具道路侧利用系数尚应符合表3-5规定。

灯具最小利用系数　　　　　　　　　表3-5

有效路面宽度/灯具安装高度	$W/H \leqslant 0.75$	$0.75 < W/H < 1$	$1 \leqslant W/H < 1.25$	$W/H \geqslant 1.25$
道路侧利用系数	0.5	0.55	0.6	0.65

（6）除居住区道路或平均照度在10lx以下的道路外，灯具应选择后半夜自动降功率运行，即灯具点亮6h后自动降低LED模块驱动电流，使其降功率运行，但灯具输出光通量不应小于额定值的50%。

（7）交通量较少或通行规律性较强的路段，可设置环境参数传感器，以自动感应环境照度及交通量，自动控制灯具启闭。

（8）道路照明设计计算、光源和灯具的选择，应在符合道路照明标准和维持正常交通运行状态的前提下选择效率不低于75%的灯具。

（9）道路照明应根据时间和天空亮度的变化确定路灯的开/关灯时间。道路照明自动控制装置宜具有在全年日照时间表控制的基础上根据现场自然光照度实时调整照明启闭时间的功能。

（10）应根据交通运行状态实施照明调光的节能运行，宜按照不同时间段的车流密度或特殊的环境要求实现动态调光控制措施。调光的最低值为该等级路面照明标准的最低限值。

（11）道路照明应在保持道路亮度均匀度的照明环境下按照现行行业标准《城市照明节能评价标准》JGJ/T 307和《城市照明自动控制系统技术规范》CJJ/T 227中的相关要求实施节能控制。

（12）以LED作为光源的道路照明系统，除符合本节（10）、（11）的规定外，还应符合现行国家标准《LED城市道路照明应用技术要求》GB/T 31832和《道路照明用LED灯性能要求》GB/T 24907的相关要求。

（13）新安装的路灯宜按照道路照明的标准最高值要求实施调光控制，达到初始照明的节能效果。

（14）道路照明单灯节能控制应按如下要求实现：

①宜通过LED路灯驱动电源模块的受控，实现单灯实时监控和调光。

②不更换原有路灯设备的前提下，宜在高压钠灯外配置节能控制模块实现单灯实时监控和调光。

（15）根据使用环境，对光源的效率、寿命、色温、节能效果等因素进行综合比较后，按照表3-6和表3-7选用于各种道路照明的路灯光源。

典型路灯光源的特性参见一览表　　　　　　　表3-6

灯型	高压钠灯（漫射型）	LED灯	金属卤化物灯（漫射型）	高频荧光灯	荧光灯
功率（W）（参照值）	35～1000	30～480	400～2000	40	40
光源光效（lm/W）	8～120	100～160	70～100	78	55
平均寿命（h）	12000～28000	30000～50000	12000	12000	10000
光色	橙	橙、白色	白色	白色	白色

灯型	高压钠灯（漫射型）	LED灯	金属卤化物灯（漫射型）	高频荧光灯	荧光灯
色温（K）	2000	2000~4500	4500	4200	4200
显色指数（Ra）	20~25	≥60	65~95	50~64	50~64
调光特性	可以	好	不能	可以	不能
低温使用温度（℃以上）	-20	-20	-5	5	5
启动时间（min以下）	8	即刻	8	即刻	即刻
再启动时间（min以下）	3	即刻	15	即刻	即刻

道路照明灯具光源的选择　　　　　　　　　　表3-7

适用场合	光源类型
城市道路、高架道路、公路	LED灯、高压钠灯、陶瓷金属卤化物灯
市中心、商业中心机动车道	LED灯、金属卤化物灯
居住区机动车和行人混合道路	LED灯、金属卤化物灯
商业步行街、居住区人行道路、机动车道路两侧人行道或非机动车道	LED灯、小功率金属卤化物灯、细管荧光灯、紧凑型荧光灯

注：用于特殊要求的场合。

（16）使用恰当的控制方式，也就是采用先进控制系统和策略，可以有效减少电能的消耗。常用的节能策略如下：

①控制照明设施的亮度

亮度检测可通过光敏三极管逻辑电路，执行路灯开启操作可在亮度低于标准规定的最低亮度要求时进行，反之当亮度符合标准规定时可将路灯关闭。该控制方式具有更高的执行权，对比于其他控制方式，该方式不仅可以解决路灯开关问题，还可以满足照明亮度因天气变化而变化的需求，实现更有效的节能。

②控制照明时长

使用时钟，根据当地天黑、天亮的时间，预先设计好照明系统的开启与关闭，该形式已经被广泛应用，但是要提高控制灵敏度，解决在日间极端阴暗天气下路面照明系统无法开启，或天很亮了还开着灯，以及突然天气变化却不开灯等情况。

③利用交通流量控制

对道路上的车流量使用传感器进行实时监测，路灯的精确控制可通过车流量的变化进行操作。比如，为保证亮度符合标准，可在交通流量高峰时期开启所有的路灯；反之在低峰时期，调节路灯的功率从而调低亮度，或将一半路灯间隔关闭；对街道上行人及汽车数量利用传感器进行监测，当车辆或行人接近路灯时，点亮之前关闭的路灯，保障车辆和行人安全通过，同时在车辆和行人通过后延时关闭路灯。

一般的照明节能控制（即照明调光）方式有以下几种：

①调（降）压方式；

②降（限）流方式；

③移相控制（Phase Cutting）方式；

④其他方式，如电容无功补偿、电子镇流器等。

比较理想的控制方式是在下半夜降低加在灯具上的电压，同步降低光源的光通量，即将路灯的光通量都减少到相同的水平，既保证了道路照明的功能性（路面平均亮度、路面亮度均匀度、平均水平照度），又能减少电能的消耗。

2. 景观照明节能

（1）景观照明的环境区域划分。《城市夜景照明设计规范》JGJ/T 163规定，环境区域根据环境亮度和活动内容划分为四个区域：

①E1区：天然暗环境区，如国家公园、自然保护区和天文台所在区等。

②E2区：低亮度环境区，如乡村工业或居住区。

③E3区：中等亮度环境区，如城郊工业或居住区。

④E4区：高亮度环境区，如城市中心或商业区。

城市区域亮度划分如表3-8所示：

城市区域亮度划分 表3-8

环境亮度 区域类型	E1区 （暗环境）	E2区 （低亮度环境）	E3区 （中亮度环境）	E4区 （高亮度环境）
对应的区域	公园、自然风景区	居住区、休闲区	一般公共区	城市中心区、商业中心区

（2）建（构）筑物的景观照明功率密度值不应大于表3-9的规定。

建（构）筑物立面景观照明的照明功率密度值（LPD）　　表3-9

建（构）筑物饰面材料		城市规模	E2区		E3区		E4区	
名称	反射比ρ		对应照度（lx）	功率密度（W/m²）	对应照度（lx）	功率密度（W/m²）	对应照度（lx）	功率密度（W/m²）
白色外墙涂料、乳白色外墙釉面砖，浅冷、暖色外墙涂料，白色大理石	0.6~0.8	大	30	1.3	50	2.2	150	6.7
		中	20	0.9	30	1.3	100	4.5
		小	15	0.7	20	0.9	75	3.3
银色或灰绿色铝塑板、浅色大理石、浅色瓷砖、灰色或黄色釉面砖、中等浅色涂料、中等色铝塑板等	0.3~0.6	大	50	2.2	75	3.3	200	8.9
		中	30	1.3	50	2.2	150	6.7
		小	20	0.9	30	1.3	100	4.5
深色天然花岗石、大理石、瓷砖、混凝土、褐色、暗红色釉面砖、人造花岗石、普通砖等	0.2~0.3	大	75	3.3	150	6.7	300	13.3
		中	50	2.2	100	4.5	250	11.2
		小	30	1.3	75	3.3	200	8.9

（3）建（构）筑物立面照明的平均照度和平均亮度应符合表3-10的规定。

建（构）筑物立面照明的照（亮）度值　　表3-10

表面材料	反射比（%）	平均亮度（cd/m²）				平均照度（lx）			
		E1区	E2区	E3区	E4区	E1区	E2区	E3区	E4区
浅色大理石、白色陶板、白色面砖、白色抹灰、白色涂料等	60~80	—	5	10	25	—	30	50	150

表面材料	反射比（%）	平均亮度（cd/m²）				平均照度（lx）			
		E1区	E2区	E3区	E4区	E1区	E2区	E3区	E4区
混凝土、浅灰色或灰色石灰石、浅黄色面砖、浅色涂料、铝塑板等	30~60	—	5	10	25	—	50	75	200
中灰色石灰石、砂岩、深色石材、普通棕黄色砖、黏土砖等	20~30	—	5	10	25	—	75	150	300

（4）LED灯的能效不应低于国家标准《普通照明用非定向自镇流LED灯能效限定值及能效等级》GB 30255规定的2级，详见表3-11。

普通照明用非定向自镇流LED灯能效限定值及能效等级　　表3-11

能效等级	普通照明用费电箱自镇流LED灯初始光效lm/W			
	色调代码：65/50/40		色调代码：35/30/27/P27	
	全配光	半配光/准半配光	全配光	半配光/准半配光
1	110	115	100	105
2	90	95	80	85
3	63	70	59	65

（5）LED控制装置的能效不应低于国家标准《LED模块用直流或交流电子装置控制性能要求》GB/T 24825规定的2级，详见表3-12。

LED模块用直流或交流电子装置控制性能要求　　表3-12

能效等级	非隔离输出式LED模块控制装置			隔离输出式LED模块控制装置		
	$P \leqslant 5W$	$5W < P \leqslant 25W$	$P > 25W$	$P \leqslant 5W$	$5W < P \leqslant 25W$	$P > 25W$
1级（%）	84.5	89.0	92.0	78.5	84.0	88.0
2级（%）	80.5	85.0	87.0	75.0	80.5	85.0
3级（%）	75.0	80.0	82.0	67.0	72.0	76.0

（6）供配电的谐波应综合治理，照明设备的谐波电流发射限值应符合现行国家标准《电磁兼容限值谐波电流发射限值（设备每相输入电流≤16A）》GB 17625.1的有关规定，无线电骚扰特性的限值应符合现行国家标准《电气照明和类似照明的无线电骚扰特性的限值和测量方法》GB/T 17743的有关规定。

（7）景观照明禁止或者淘汰使用如下光源和灯具：

①白炽灯和国家明令禁止使用的高耗能电光源。

②能效指标未达到规定的照明器材。

③强力探照灯、大功率泛光灯（特殊批准的、重大庆典活动临时使用的除外）。

（8）景观照明的配电线路功率因数应大于0.85。

（9）景观照明设施更新改造后应节电15%以上。

（10）有条件的场所宜采用风能、太阳能灯可再生的清洁能源。

（11）景观照明应按平日、一般节假日和重大节日的控制模式完善分区、分段。

（12）宜采用智能控制系统控制景观照明设施，并根据其记录定期做系统能耗状态的统计分析。

（13）景观照明用的变压器的能效不应低于国家标准《三相配电变压器能效限定值及能效等级》GB 20052规定的1级，详见表3-13。

（14）景观照明应采用LED灯和高光效的气体放电灯（如：细管径直管形荧光灯、自镇流荧光灯、无极灯、金属卤化物灯、高压钠灯）等节能光源，光源的能效应符合相关标准规定，并满足下列要求：

①自镇流荧光灯能效应不低于《普通照明用自镇流荧光灯能效限定值及能效等级》GB 19044规定的1级。

②单端荧光灯能效不低于《单端荧光灯能效限定值及节能评价值》GB 19415规定的节能评价值。

③双端荧光灯能效不低于《普通照明用双端荧光灯能效限定值及能效等级》GB 19043规定的1级。

④高压钠灯能效不低于《高压钠灯能效限定值及能效等级》GB 19573规定的1级。

⑤金属卤化物灯能效应不低于《金属卤化物灯能效限定值及能效等级》GB 20054规定的1级。

⑥白光LED灯的效能应大于80lm/W，彩色LED灯能效应不低于65lm/W。

（15）景观照明电光源的电器附件能效应符合相关标准规定，并满足下列要求：

三相配电变压器能效限定值及能效等级

表3-13

额定容量 (kV·A)	1级 电工钢带 空载损耗 (W)	1级 电工钢带 负载损耗 (W) Dyn11/Yzn11	1级 电工钢带 负载损耗 (W) Yyn0	1级 非晶合金 空载损耗 (W)	1级 非晶合金 负载损耗 (W) Dyn11/Yzn11	1级 非晶合金 负载损耗 (W) Yyn0	2级 空载损耗 (W) 电工钢带	2级 空载损耗 (W) 非晶合金	2级 负载损耗 (W) Dyn11/Yzn11	2级 负载损耗 (W) Yyn0	3级 空载损耗 (W)	3级 负载损耗 (W) Dyn11/Yzn11	3级 负载损耗 (W) Yyn0	短路阻抗 (%)
30	80	505	480	33	565	540	80	33	630	600	100	630	600	4.0
50	100	730	695	43	820	785	100	43	910	870	130	910	870	
63	110	870	830	50	980	935	110	50	1090	1040	150	1090	1040	
80	130	1050	1000	60	1180	1125	130	60	1310	1250	180	1310	1250	
100	150	1265	1200	75	1420	1350	150	75	1580	1500	200	1580	1500	
125	170	1510	1440	85	1700	1620	170	85	1890	1800	240	1890	1800	
160	200	1850	1760	100	2080	1980	200	100	2310	2200	280	2310	2200	
200	240	2185	2080	120	2455	2340	240	120	2730	2600	340	2730	2600	
250	290	2560	2440	140	2880	2745	290	140	3200	3050	400	3200	3050	
315	340	3065	2920	170	3445	3285	340	170	3830	3650	480	3830	3650	
400	410	3615	3440	200	4070	3870	410	200	4520	4300	570	4520	4300	
500	480	4330	4120	240	4870	4635	480	240	5410	5150	680	5410	5150	
630	570	4960		320	5580		570	320	6200		810	6200		4.5
800	700	6000		380	6750		700	380	7500		980	7500		
1000	830	8240		450	9270		830	450	10300		1150	10300		
1250	970	9600		530	10800		970	530	12000		1360	12000		
1600	1170	11600		630	13050		1170	630	14500		1640	14500		

①管形荧光灯用电子镇流器的能效不低于《管形荧光灯镇流器能效限定值及节能评价值》GB 17896的规定节能评价值。

②高压钠灯用镇流器的能效不低于《高压钠灯用镇流器能效限定值及节能评价值》GB 19574规定的目标能效限定值。

③金属卤化物灯用镇流器的能效应不低于《金属卤化物灯用镇流器能效限定值及能效等级》GB 20053规定的2级。

④LED驱动装置效率应大于85%。

（16）景观照明应按照照明场所的需求选用配光适宜、控光性能好的高效灯具。

（17）景观照明的灯具效率宜大于60%。

3. 绿色照明应用案例分析

照明节能是绿色照明的基础，照明舒适性、安全性及氛围和谐美好则是绿色照明的灵魂。广州近年来在绿色照明方面获得了长足的发展，取得了明显的经济效益和社会效益，在展现城市魅力，提升城市形象方面发挥了巨大的作用。

（1）珠江堤岸功能照明建设工程

①工程概况

近几年来极端天气的频发，引发了珠江两岸河道的堤段漫堤及倒灌，本工程主要针对防潮加固后的岸线，改造前的岸线无照明设施，非常不利于道路交通安全和社会治安，因而岸线的照明设施的建设就显得愈发重要。根据部分加固加高、新建或更换后的堤岸现状，考虑行人需求，本工程在岸线上补充灯具，同时延续珠江堤岸照明。

本工程的范围主要包括珠江广州水道西航道、前航道、后航道堤岸范围内的照明设施建设，岸线约37.47km，另外对前航道（海心沙岛岸线）进行了景观照明设施建设（图3-17）。

图3-17 海心沙岛岸线照明
示意图

②绿色节能技术应用

在珠江堤岸加固的基础上,对所有岸线进行分类、设计,完成基础功能照明建设,灯具与原有珠江上用的外形一致,与原有的设施相结合,减少建材的使用,使照明设施与岸线栏杆相协调,成为一道完美整洁的风景线。

本工程采用单灯控制系统和智能控制系统,对照明设施进行合理调控,在不同的时间段采用不同的照明方式,减少电能的消耗,并使用低功耗高亮度的LED等绿色节能照明产品,达到最佳的节能效果(图3-18、图3-19、图3-20)。

(2)中心城区道路照明完善工程项目

①工程概况

项目主要包含广州市天河区、白云区、越秀区、荔湾区、海珠区范围内100条市政道路功能照明改造,包括5098盏路灯、约135km长的电缆电线(包括控制箱电源进线、路灯供电干线和灯具内接线等)。

图3-18 单灯控制系统(1)

图3-19 LED灯照明示意图

图3-20 荧光灯景观照明示意图

②绿色节能技术应用

本工程使用路灯采用单灯控制系统及三遥控制系统，并设置手动、光控、时控、调光4种控制方式，可以远程控制，也可以现场手动设施。其中光控根据天空的亮度对照明设施的开关进行控制，如在极端天气中，天空由于乌云遮蔽，光线变暗，这种情况的发生时间不可控，所以可通过光控的方式开启路灯，保障道路的正常通行。时控主要是通过设定照明设施的开关时间进而控制照明灯具的开启与关闭，由于各个季节的日落时间不同，这种方式可以很好地避免路灯亮起时间过早或过晚，有效避免能源的浪费，保证道路正常照明。调光的主要作用是调整灯光的亮度，节约电能，如部分路段在较晚的时间通行车辆或人员稀少，可通过调光降低路灯的亮度，从而减少能源的消耗（图3-21）。

图3-21　单灯控制系统（2）

本工程主要使用LED节能灯，代替原来的非节能灯具，从而减少电能的消耗，做到绿色节能环保（图3-22）。

图3-22　使用节能灯的道路照明

3.3.2　光污染防治

夜幕降临后，商场、酒店上的广告灯、霓虹灯闪烁夺目，道路上的路灯等令人眼花缭乱，有些强光束甚至直冲云霄，这些光污染使居民头晕目眩，扰乱人体正常的生物钟，影响身体健康，导致白天工作效率低下，还可能伤害昆虫和鸟类、破坏植物体内的生物钟节律，有碍其生长，导致其茎或叶变色，甚至枯死。

1. 道路照明光污染防治

（1）为减少路面的反射光，应使用单一光谱的低压钠灯作为道路照明光源。在建筑物的泛光照明中，为满足立面照度的需求，要根据表面材料的反射比和色彩吸收情况，适当选择宽光谱辐射的光源，但尽量不使用有强烈色彩的有色光源，以减少因视觉对颜色强烈对比不适应而产生的颜色污染。

（2）控制光污染最根本的办法是为夜景照明提供合理的设计。对城市夜景照明的控制应采用智能化的集中管理、分散控制。如对泛光照明的开灯可采用平时模式、节假日模式、重大节日模式；对广告、装饰、道路照明以及对泛光照明可采用微电脑定时开关或光控定时关闭的开关控制。

（3）定制关灯时间并尽量减少开灯时间。广告、装饰、道路照明以及建筑物泛光照明可在午夜后关闭或部分关闭，既节约了能源，又减少了光污染，也延长了照明灯具的使用寿命。

（4）使用高光效的高压汞（或钠）灯，提高泛光照明效率。降低城市"热岛效应"，保护城市生态环境。

（5）限制逸散光最好的办法是采用截光型灯具或给光源装设格栅、遮光片、防护罩等，有效控制照明灯具的遮光角，避免直射光线的逸散和眩光地产生。截光型灯具的遮光角不应小于《民用建筑照明设计标准》GBJ 133-90的规定。下图是现场的同一段道路照明，给光源装设防护罩的前后阈值增量的对比图（图3-23、图3-24、图3-25）。

（6）安全可靠的施工也是保证城市夜景照明质量，防止光污染的有效措施之一。灯具位置及控制设备的合理设置，既防止了逸散光的污染，又避免了因灯具及控制设备裸露而带来的视觉污染。

图3-23　眩光现场测试图

图3-24 阈值增量高（无光罩）

图3-25 阈值增量低（有光罩）

（7）对广告、装饰、道路及建筑物等城市夜景照明灯具及设备的日常维护，也是防治光污染的有效措施之一，同时也是防止脱落伤人、漏电事故和城市道路照明污染的重要保证。

（8）在道路照明方面，新建道路照明工程和路灯节能改造等工程项目应使用LED灯具。LED路灯为指向性照明光源，散射率低，发光效率较高，灯具效率能达到95%以上，灯具发光光谱集中于可见光部分。随着全市LED灯具的推广使用，道路照明在满足照明和节能环保要求的同时有效减少了光污染。

划分光污染控制区是光污染防治的基本方法。城市应划分照明控制区，对不同区域的景观照明效果进行限定，这是划分光污染控制区的基础。下一步，在已划定照明控制区的基础上，按照最新国家标准的要求，探索划分该市光污染控制区。

2. 景观照明光污染防治

（1）居住建筑窗户上的最大垂直照度和从室内直接看到的发光体最大光强不应大于表3-14的规定值。

环境参数	居住区非临街侧		居住区临街侧	
	23时前	23时后	23时前	23时后
窗户上的垂直照度（lx）	<10	<2	<25	<5
直接看到发光体的光强（cd）	<2500	<1000	<7500	<2500

（2）投射到建构筑物之外的溢散光不应超过灯具输出总光通量的15%。

（3）在建筑物立面上设置LED屏幕时，应对屏幕的位置、尺寸和亮度进行评估，不应干扰周边环境、建筑、行人和各种车辆。

（4）应严格限制在景观照明中使用探照灯、激光灯、窄光束投光灯等强投光灯具向天空或人群投射。

（5）安装在树上的装饰灯泡单灯功率应小于1W，并应确认灯泡的表面温度低于对树木造成伤害或影响其正常生长的温度。

（6）不应在玻璃幕墙建筑立面采用泛光照明。

（7）采用自发光形式的建筑景观照明时，自发光面的平均亮度应满足表3-15的要求。

自发光面的亮度限制值表　　　　　表 3-15

单位：cd/m²

环境区域	E1	E2	E3	E4
自发光面亮度L	<50	<400	<800	<1000

（8）草坪灯、庭院灯等的上射光通比不应大于25%。

（9）依法控制使用激光、探照灯、空中玫瑰灯等有可能产生严重光污染的灯具。

（10）大型广告招牌尽量使用自发光的灯箱或者从上方安置投光灯照射广告招牌，广告灯箱等的亮度要严格控制其照度标准值。

3.3.3　照明安全

1. 配电安全

（1）照明供配电的电压等级应与照明设备额定电压一致。

（2）除采用LED光源外，建筑物轮廓灯每一单相回路不宜超过100个。

（3）配电回路应装设短路保护、过负荷保护和接地故障保护。

（4）景观照明室外分支线路应装设剩余电流动作保护器。

（5）250W及以上的照明装置宜在每个灯具处单独设置短路保护。

（6）浸在水中且需安全工作的灯具，其配电回路应采用水位断电保护措施。

（7）景观照明线缆应选用铜芯电缆或电线，绝缘类型应按敷设方式及环境条件选择，绝缘特性应符合工作电压的要求。

（8）三相四线配电，中性线截面积不应小于相线截面积并应考虑谐波电流的效应；室外照明线路宜采用双重绝缘铜芯导线，照明支路导线截面积不小于2.5mm²。

（9）应考虑谐波对电网的骚扰，当不确定是否采取谐波治理措施时，宜预留滤波器的空间。

（10）即使照明控制采用自动控制方式，也应具备手动控制功能。

（11）照明控制系统采用的控制模块应能独立运行，主控系统或通信线路发生故障时，各控制模块可在设定的模式下正常运行，某个控制模块发生故障时，不应影响其他模块的正常运行。

（12）照明控制系统应确保现场采集的数据和控制指令准确地传送。照明控制系统可采用双绞线、光缆为通信介质的总线型或星形拓扑型有线通信方式，也可采用无线数据传输模块、GPRS通信模块等实现无线通信。

（13）照明控制系统当设备发生故障时，应立即切断电源。

2．防雷系统

（1）接地系统的选择

①安装于建筑物本体上，并直接由该建筑物内部电源供电的景观照明装置，配电系统的接地形式应与该建筑物内照明装置的接地形式一致。

②安装于桥梁等构筑物上，无法进行单独接地的景观照明装置，配电系统的接地形式宜采用TN-S系统，并应作等电位联结。

③道路、广场、公园等照明配电系统的接地形式宜采用TT系统。

④室外景观灯具电源引出的建筑物大于20m时，配电系统的接地形式应采用TT系统，小于20m时，宜与该建筑物的电源接地系统一致。

⑤当采用TN-S系统时，宜作等电位联结，并应与建筑物或构筑物共用接地装置；当采用TT接地系统时，接地电阻应符合《低压配电设计规范》GB 50054规定的$I_a \times R_A \leqslant 50V$的要求。

TN-S系统如图3-26所示，TT系统如图3-27所示：

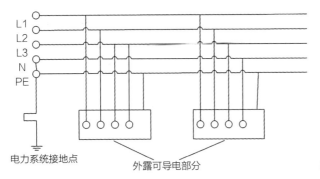

图3-26　TN-S系统

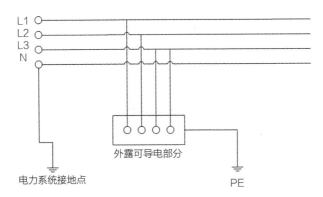

图3-27　TT系统

（2）景观照明装置的防雷应符合《建筑物防雷设计规范》GB 50057及《建筑物电子信息系统防雷设计规范》GB 50343的要求。

（3）现有建筑上装设景观照明时，应采取防雷措施。

3. 接地故障保护

（1）配电线路的保护应符合《低压配电设计规范》GB 50054的要求。

（2）当采用TN-S接地系统，过电流保护装置不能满足切断故障电路时间的要求时，应采用剩余电流动作保护器接地故障保护。

（3）当采用TT接地系统时，宜采用剩余电流动作保护器作接地故障保护，当接地电阻足够小时，可采用断路器或熔断器保护。

（4）室外场所照明配电末端支路剩余电流动作保护器的剩余动作电流不宜大于100mA，动作时间不应大于0.3s。

（5）安装金属构架和灯具，配电箱外露可导电部分及金属软管应可靠接地，且有标识。

（6）安全特低电压供电应采用安全隔离变压器，其二次侧不应作保护接地。

4. 照明设施安全要求

（1）灯具安全性能应符合《灯具第1部分：一般要求与试验》GB 7000.1的规定。灯具的选择应与其使用场所相适应，应根据应用场所选用防触电保护为Ⅰ类、Ⅱ类或Ⅲ类灯具；观礼台、桥梁等防护栏（墙）上人体可触及的灯具应选用Ⅲ类灯具，若选用非Ⅲ类灯具，则应有防意外触电的保护措施。

（2）照明设备的选择应符合谐波电流发射限制的规定。

（3）室外照明器材的防护及等级要求如下：

①室外安装的灯具防护等级不应低于IP55，其中在有遮拦的棚或檐下防护等级不应低于IP54，桥体安装的灯具不应低于IP65，埋地灯防护等级不应低于IP67，水下防护等级应不低于IP68。

②室外照明配电箱、控制箱等防护等级不应低于IP44。

③景观照明控制模块应满足室外环境运行的温、湿度条件及防护等级要求。

④照明设备所有带电部分应采用绝缘、遮拦或外护物保护。

（4）每套灯具的导电部分对地绝缘电阻值应大于2MΩ。

（5）据地面2.5m以下的照明设备应借助于工具才能开启。

（6）景观照明不应干扰交通信号、通信设备的正常使用，立交桥、过街桥上不宜采用动态照明。城市机动车道两侧不应大量、连续地采用色彩快速变化、多光源的装饰灯。

（7）浸在水中才能安全工作的灯具，灯具应具有"只能浸入水中使用"的标识。

（8）霓虹灯的安全应符合《霓虹灯安装规范》GB 19653的规定。

5. 照明设施安装

（1）室外落地配电箱不应安装在低洼处，箱底距地不宜低于300mm。

（2）灯具固定应可靠，在震动场所使用的灯具应采取防震措施，高空安装的灯具应采取抗风压、防坠落措施，需固定投射方向的灯具应具有便于调整、牢固锁定的装置。灯具安装所需的支架及零部件均应作防腐处理。

（3）灯具安装应便于检修及更换灯源。

（4）安装在人员密集场所的灯具，应采用防撞击、防玻璃破碎等措施。人员可触及的照明设备表面温度高于60℃时应采取隔离保护措施。

（5）安装在古建筑上的灯具应采用具有防火标识的产品并采取防火措施。

（6）人员能触及的灯具，无防护装置时，安装高度距地面应在2.5m以上。

3.3.4 古建筑景观照明

（1）灯具选择应从尺寸、重量、安装方式以及安全防护等级，结合安装部位和照明对象来选择，选择尺寸小、重量轻、安装方便的灯具。

（2）光源选择应从光源的色温、辐射热量、显色性、光效、功率等方面考虑，选择冷光源、热量辐射小、红外线辐射量小、显色性好、光效高、功率较小的光源。

（3）古建筑的立面照明方式选用投光照明、泛光照明方式，如图3-28所示。

（4）文物建筑上不得直接安装灯具搞"亮化工程"，在文物建筑外安装灯具的要保持安全距离。

（5）灯具、线路的材料，如电缆、金属线条的防火处理、接线盒防爆器等，采用耐腐蚀、耐磨、高绝缘材料。

（6）古建筑景观照明案例

我国历史文化悠久，先辈们留下众多的文化建筑遗产，每个文化建筑都有自己的故事，进行景观照明不但要在技术上对文物建筑进行保护，在美观性上也应与建筑物自身的历史气息相呼应，以广州市传统中轴线照明建设工程为例，具体介绍如下：

此工程为传统中轴线照明建设工程（东风路以北段），南至中山纪念堂，北至越秀公园，包含中山纪念堂、中山纪念碑、镇海楼及越秀公园东门至西门夜游路线进行照明提升改造。

广州市传统中轴夜景照明工程具有以下几个特点：

①成熟的规划设计。在现代城市夜景照明中应用新观念，引进新思维，不断

图3-28 古建筑夜景立面照明

完善理论，体现规划建设的特色，形成多角度、全方位、层次丰富的呈现体系，着力于"夜游经济"。古往今来，逐光而居，向光而行，夜游经济里流光溢彩的灯火，多姿多彩的夜游活动，在体现广州地方文化特色的同时又能满足人们对美好生活的向往和追求，真正从夜景"亮化"达到形象"美化"，最终实现了经济"活化"。

越秀山作为自然景观，镇海楼（图3-29）、五羊雕塑、古城墙、纪念堂（图3-30）、纪念碑（图3-31）作为人文建筑，自然景观与人文建筑融为一体，层次丰富的立体照明体系衬托出老广州的独特韵味，南北山城遥相辉映，东西夜游纵横交错，为传统中轴文化的表达增添了新意，让古建筑焕发了新的光彩。

图3-29 镇海楼

图3-30 纪念堂

图3-31 纪念碑

②科技手段创新。本工程积极运用新光源、新灯具、新工艺、新材料，特别是应用现代高新技术，致力于提高夜景照明工程的科技含量。在绿色照明节能方面本案全部采用LED低能耗灯具，显示指数和照度值达到行业高标准要求，在节能、低温、环保等方面都富有现代照明的科技含量。通过智能控制，实现立体联动，与中轴线南段同步呼应，并接入照明中心总体智能管控，采取多模式控制要求，为平日、节日、重大节日注入科技手段控制，实现智能联动效果（图3-32～图3-34）。

③新型灯具的使用。越秀山"星空漫步"采用了高科技星空幻术灯具，为国内首创产品截至目前只应用于广州传统中轴线照明。为保护文物建筑本体，"镇海雄姿""庄严纪念堂"采用了高科技数字切光灯，通过远程投射，精准投射建

图3-32　纪念堂主体节能照明示意图

图3-33　纪念堂围墙节能照明示意图

图3-34　纪念碑节能照明俯瞰图

图3-35　星空漫步

图3-36　镇海雄姿

图3-37　庄严纪念堂

图3-38　远程灯光投射

筑体部位，长方形、方形及其他几何形状可以随意切割。高科技灯具与国家文物保护建筑的完美结合，充分展示了传统与科技，历史与创新，自然与人文完美融合的主题（图3-35～图3-38）。

3.4　城乡照明绿色节能EMC模式探讨

　　为了加快构建资源节约型、环境友好型社会，"十二五"规划将节能减排提升到战略的高度。绿色照明工程作为我国的十大重点节能减排工程之一，在"十一五"期间已经取得了显著节能减排成效，因此，"十二五"期间仍然把绿色照明工程作为重点节能减排工程进一步推进。目前，城市道路绿色照明仍然是绿色照明的重要发展阵地，通常由地方政府出资建设，而地方政府为了减轻财政压力，期望借市场之力推进城市道路绿色照明建设。合同能源管理（EMC，以下简称EMC）作为节能市场机制的良方为政府所选，逐步推动城市道路绿色照明的发展。

下面以2015年"阿拉丁神灯奖"申报项目——广州南沙LED路灯EMC改造项目作为详解。

本案例是2015年"阿拉丁神灯奖"工程类参评项目广州南沙LED路灯EMC改造项目。广州市南沙区LED路灯采用EMC商业模式进行改造，项目分为两期。一期改造区域为南沙区进港大道和港前大道，采用67W、130W和195W LED路灯分别替换150W、250W和400W传统高压钠灯，改造总数量为1709盏，改造后节能率在52%以上。二期改造区域为南沙区黄阁镇和南沙街，采用50W、105W、180W LED路灯分别替换150W、250W和400W传统高压钠灯，改造总数量为8170盏，二期改造项目中在LED路灯中加入物联网智能路灯控制系统，通过PLC电力载波和物联网控制平台实现远程开关灯、调光、远程电费数据统计、远程故障报警、地理位置地图实时显示等智能控制功能，二期项目改造后节能率在58%以上。该两期项目都采取EMC商业模式进行运营与维护，业主与项目实施单位均参与节能电费收益共享（图3-39）。

一期项目（进港大道和港前大道改造）：

进港大道与港前大道是连接南沙港与广州的主要道路，全长13.459km，灯杆高度12m和8m两种，一杆两灯方式，高灯为400W和250W高压钠灯两种对机动车道进行照明，低灯为150W高压钠灯对非机动车道进行照明。

改造项目分别采用67W、130W、195W LED路灯替代150W、250W、400W高压钠灯，总数量共1709盏，项目于2014年4月28日完成验收（图3-40）。

采用的LED灯具技术参数：功率67W、130W、195W，色温6000K，显色指数70，整灯光效＞98lm/W，防护等级IP65，蝙蝠翼配光，模块化设计

图3-39　广州南沙LED路灯EMC改造项目

图3-40　进港大道和港前大道

图3-41 黄阁镇和南沙街区域

结构。

改造后主干道路面平均照度24lx~33lx，路面照度均匀度0.6～0.8，路面亮度均匀度0.64～0.88，路面纵向亮度均匀度0.7～0.9，符合《城市道路照明设计标准》CJJ 45-2006的要求。改造后年节能率52%以上。

二期项目（黄阁镇和南沙街区改造）：

分别采用50W、105W、180W LED路灯替代150W、250W和400W高压钠灯，共改造路灯8170盏，项目于2015年1月15日完成安装与调试（图3-41）。

采用的LED灯具技术参数：功率50W、105W、180W，色温6000K，显色指数70，整灯光效＞100lm/W，防护等级IP65，蝙蝠翼配光，模块化设计结构。

采用PLC电力载波及物联网控制系统，通信速率5500bps，接收灵敏度-80dB ～-60dB，调制解调方式BPSK，载波中心频率132kHz。

改造后照明指标符合《城市道路照明设计标准》CJJ 45-2006要求。改造预计年节能率58%以上。

一期项目1709盏LED灯具改造完成后，年节能率52%以上，二期8170盏LED灯具改造完成，年节能率预计为58%以上，通过智能调光控制，预计年节能率70%以上。

南沙进港大道和港前大道完成LED路灯改造并于2013年9月1日开始进行节能收益分享，截至2014年12月31日，1709盏共节能电费1565430元，较改造前实际节省用电量为56.36%。

1. 城乡照明绿色节能EMC模式的优势

随着时代的发展，照明成了我们生活中必不可少的一部分，节能灯具被广泛地应用于我们生活中的每一个角落，我国在公路隧道也逐步采取节能改造，安装大功率节能路灯、隧道灯。但部分道路照明可能因为资金等方面原因而迟迟不能落实安装节能路灯，因此急需一个方案解决这个问题。

EMC合同能源管理，是一种节能服务公司与用能单位以契约形式约定节能项目的节能服务机制，主要为节能服务公司为实现节能目标向用能单位提供必要的服务，用能单位以节能效益的方式支付节能服务公司的投入及其合理利润。此机制约定合同期，合同期内节能服务公司对产品的运行负责，节能服务公司以垫资的形式进行照明节能改造，以合同期内所节约的电费作为公司的成本回收及合理利润。作为当下成熟的节能改造服务机制，已经广泛应用到全国各个地区。

在当前的宏观政策的影响下，全国范围内正在推行采用高效、节能、使用寿命长的节能灯具来更换耗电量、故障率双高的传统灯具。已改造完成的地区，改造过后的地区照明效果更好且节能率均在60%以上。

若以此种机制对全国公共道路照明设施进行改造，节能率可达到60%（实际操作节能率会更高），而全国公共道路照明每年耗电量约439亿kW·h，电费约285亿元，改造后可节约电费约171亿元，即每年EMC改造的市场容量在171亿元左右，若以10年为一个合同期，则合同期内营收入总量约为1710亿元（其中不包含每年的照明设施的增长率），由此可见，我国EMC改造市场具有巨大经济效益空间。

2. 城乡照明绿色节能EMC模式的负面问题

EMC推进城市道路绿色照明建设，政府和节能服务公司能够实现双赢，但其发展也面临一些困境，融资困难便是其中一个。

城市道路绿色照明EMC项目规模大、资金需求量大、风险因素多等特点决定了其融资渠道比较少，主要通过银行抵押贷款的方式获得资金，但节能服务公司多为中小企业，固定资产少、实力弱、信用度不高，故又难以从银行获得贷款。"十二五"规划以来，国家密集出台了一系列政策支持EMC的发展，其中也包含了一定的信贷支持政策，但仍然不能满足EMC项目的资金需求。因此急需探索新的方法，寻求突破，解决节能服务公司的融资难题，解城市道路绿色照明EMC项目的资金之渴。

使用城乡照明绿色节能EMC模式也存在一些问题需要节能服务公司注意：

（1）熟悉节能业务的资金方不多。

（2）漫长的资金回收期会降低资金方的投资意愿。

（3）离不开政府的实际支持。

（4）资金方与节能服务公司收益分配的博弈。

（5）银行贷款额度有限，周期偏短，项目初期回款要求高，节能服务公司的收益较少、压力大。

（6）项目期间的担保取费标准会影响节能服务公司的收益，最终会影响项目是否能够推进。

面对这些问题，节能服务公司稍显被动，需要全力准备，做好项目的评价工作，协调好同项目各参与者之间的关系，加强项目周期的管理。

现在是绿色照明产业发展的黄金时期，顺应潮流，把握住绿色照明与EMC模式结合的契机成为企业发展的关键。在EMC模式下，专业节能技术服务公司接受客户（节能业主企业）委托，通过与客户签订能源服务合同，自带资金实施节能项目，为客户提供节能改造必需的设备、技术、资金等一条龙服务，并通过为客户节约下来的能源成本获得收益。

在世界要求改善地球环境的呼声中，中国政府将做强力支持，我们有理由预测最终可能会采用"业主+政府+企业+银行+保险公司担保"的EMC模式，即业主单位获得免费节能改造的利益，路灯企业卖出的灯具政府进行鼓励性补贴，工程成本由银行支付，业主通过节能省下来的钱垫付银行的投资。这种新的EMC模式有以下几个特点：一是业主单位不用资金投入即可完成节能技术改造；二是政府的补贴能帮助LED路灯企业进行研发投入，提高产品质量；三是LED路灯生产企业不再承担资金风险，只管做好产品品质；四是合同结束后，后续全部节能效益归银行投资机构。就此各地进行了一定的实践探索，这些探索都取得了一定的突破，有其可借鉴之处。

概括来说，就是在推进城市道路绿色照明EMC项目时，节能服务公司可尝试寻找合适的市场主体合作项目，分担风险，共享收益，从而筹得资金。市场上有雄厚资金实力的资金方可以通过提供资金加入项目，担保公司、保险公司可以通过分担风险、提供信用支持加入项目。当然还有很多其他可选的市场主体及合适的合作方式，节能服务公司可以就具体项目进行选择，争取合作。合作中，通过协商，优化合作模式，合理地分担风险及利润，实现共赢。如何解决城市道路绿色照明EMC项目的各项难题，需要在实践中不断进行创新和探索。

3.5 城乡照明设施绿色节能技术的推广

绿色节能照明可以节约能源、保护环境，有利于提高人们生产、工作、学习效率和生活质量。绿色照明要以人为本，为人们创造舒适、安全、有益身心健康的光环境。

绿色节能照明可通过科学的照明设计，采用效率高、寿命长、安全性能高的照明电器产品（电光源、灯用电器附件、灯具、配线器材以及调光控制和控光器件），改善人们工作、生活、学习条件和质量，从而创造一个高效、舒适、安全、经济、有益的环境。城乡照明规划确定了城乡照明发展的目标和主题，规定了城乡照明建设和管理的基本原则，是城乡总体规划的一个重要组成部分，是节约能源、保护生态、提高城乡照明质量，改善城乡人居环境的前提条件，是实施城乡照明工程建设的基础和依据。

3.5.1 效益分析

由于LED是电子直接发光，不同于白炽灯由电能转化为热能再转化为光能，所以在同样亮度下，耗电仅为普通白炽灯的1/10，而寿命却可以延长100倍。综合其低功耗、长寿命等特点，在全球能源危机，环保压力极大的情况下，半导体照明已被世界公认为一种节能环保的重要途径，其应用范围快速拓展。

道路照明与人们生产生活密切相关，随着我国城市化进程的加快，绿色、高效、长寿命的LED路灯逐渐走入人们的视野。目前，LED照明技术日趋成熟，大功率LED光源功效已经可以达到90lm/W，使城市路灯照明节能改造成为可能。

中国是全球城市化进程最快的国家之一，可以预料在未来的数十年内，全国各地对于大功率、高亮度、节能的LED路灯产品的市场需求是极其庞大的。据2006年国家路灯行业统计，我国城市道路照明共有1500万只以上的路灯，近年的增长率在20%以上。由此估算，全国每年照明路灯的市场规模不低于50亿元，使用LED路灯每年可节电20亿度以上。

相比较传统灯具，LED灯具有以下明显的优势：

1. 节能明显

采用发光效率达到90lm/W的LED，光学取光效率达90%以上。由于LED显色指数在85以上，色温4500～6500K，光谱更接近自然光，与高压钠灯相比，人眼感到同样亮度时所需的光强就低许多，因此，采用112W的LED路灯，其照明效果就相当于250W的高压钠灯。

2. 效果优良

LED模组可以灵活组合以满足相关照度标准而不改变照明区域，整条道路无照明盲区，被照区域的均匀度可达0.6以上。

3. 寿命长

优良的散热性能，低热阻的结构设计与良好的散热设计，保证了LED的发光效率及工作寿命。大功率LED路灯寿命长达5万小时，是高压钠灯的十几倍。

4. 稳定可靠

多路而又可靠的恒流源驱动电路，保证了LED工作的稳定性，为LED能耗控制提供方便。

5. 自动控制

可根据时间和外部环境调节亮度，提高节能性。

6. 显色性好

高压钠灯以金属钠蒸汽为发光源，光线呈单一偏黄，显色指数仅23，与阳光（显色指数100）相差甚远。而LED灯发出的是白色光，显色指数达85以上，色彩更真实，也不存在危害性的紫外光线和红外光线，不吸引昆虫。

7. 减少眩光

目前的路灯光线呈180°散射，而大功率LED路灯可以通过光学设计，使得路灯的光线投射到路面形成一块矩形光斑，几乎没有散射的眩光，对周围不造成光污染。且光场区亮度分布均匀，光线柔和，有效减少驾驶员眼睛疲劳，使驾驶更安全。

8. 快速响应

高压钠灯等高强度气体放电灯有延迟效应，要在点燃15min后才能达到其90%~100%光通量，而大功率LED路灯通电即达到正常亮度，无开灯延迟现象。

9. 安全

LED照明是一种固态照明，可以有效防震、防爆，对于震动比较大的高速公路尤其适用。

3.5.2　推广策略

进入21世纪，能源问题引起世界各国政府的高度重视，人类社会充分认识节能绿色工作的重要性和紧迫性，明确提出照明工程绿色节能的约束性指标。大力推广城乡照明绿色节能工程建设，是一项"功在当代，利在千秋"的实事。

项目推广模式可采用EMC（合同能源管理）模式（或者金融租赁、买方信贷等模式），政府信用担保，向银行贷款以支付LED路灯投资，用节省的电费返还银行贷款及利息。利用贷款进行节能工程设计和施工，政府可以在"先期低投资、低风险"的情况下，对城乡道路照明和景观照明进行节能改造，落实绿色节能的政策目标。同时，从城乡绿色照明工程系统的观点看，绿色节能照明的项目推广要遵循以下几个前提：

1. 完善的法规政策和管理体制

完善的法规政策和管理体制是城乡绿色照明工程的保证。

2. 合理规范的照明专项规划

合理规范的照明专项规划是实施城乡绿色照明工程的依据。

3. 高效节能的照明电器产品

高效节能的照明电器产品是城乡绿色照明工程的基础。没有高效节能的照明电器产品，城乡绿色照明工程就是一句空话。劣质的节能灯和电子镇流器等照明电器产品，在使用过程中不能达到光效、寿命等相关的技术指标，既不节能，也不节约。损坏以后如果处理不当，还会成为电子垃圾，并可能造成汞等有害物质对环境的污染，不仅不能实现绿色照明，还可能来严重的隐患，结果适得其反。

4. 科学的照明技术

科学的照明技术是城乡绿色照明工程的手段。实现绿色照明，要有好的光源质量，还要有科学的照明技术，两者缺一不可。科学的照明技术应符合以下要求：（1）消除眩光，控制污染；（2）照度合理，分布均匀；（3）根据照明环境，实现照明目的；（4）充分合理利用天然光；（5）科学的维护管理设计。

5. 绿色与节能必须贯穿于整个系统

城乡绿色照明工程是一个完整的系统，城乡照明建设和管理全过程的每一个方面、每一个环节都必须坚持绿色照明、节能环保的理念。

城乡照明建设是体现城市专项规划和方案设计意图，按照相关标准和规范，并在此基础上对城乡照明实现艺术创造。对已建成的城乡照明设施采用法制化、科学化、现代化的管理手段是城乡绿色节能照明工程的重要组成部分。城乡照明建设过程涉及对施工企业的资质、工程建设质量、安全、节能、环保和监督、指导、检查、验收等各个方面，因此必须抓好工程建设这个关键环节，确保工程质量和照明效果的优良与稳定。

第4章

城乡景观照明设施规划与建设

景观照明是指在户外通过人工光达到装饰和造景的目的,既有照明功能又兼有艺术装饰和美化环境功能的照明。景观照明可分为道路景观照明、园林广场景观照明和建筑景观照明。景观照明通常涵盖范围广、门类多,需要整体规划性思考,同时兼顾其中关键节点,如小景、建筑等个体的重点照明,因此,照明手法多样,照明灯具的选择也复杂。

4.1 景观照明发展历程

我国早在春秋战国时期就已经有了景观照明，如《周记·秋官》中"凡邦之大事，共坟烛庭燎"的记载，就说明当时已经有了原始的景观照明雏形。同时我国的元宵节观赏花灯的习俗也始于汉，兴于唐，盛于宋，传承至今。更有众多文人墨客描绘古代景观照明的绚丽多姿，如李商隐的"月色灯光满帝都，香车宝辇隘通衢"，白居易的"灯火万家城四畔，星河一道水中央"，辛弃疾的"凤箫声动，玉壶光转，一夜鱼龙舞"都反映出我国古代城市夜景照明已经具有相当的规模。

1879年爱迪生发明了第一只钨丝白炽灯，宣告照明技术从传统的火光照明转变为现代的电气照明，照明技术进入了一个崭新的时代。随着电气照明技术的迅速发展，城市夜景照明经历了白炽灯、荧光灯、高强度气体放电灯以及LED灯4个时代。特别是近些年激光、全息、光纤、导光管和发光二极管等技术的迅速发展，使得城市夜景照明多姿多彩。

中华人民共和国成立以来，特别是改革开放之后，我国城市建设突飞猛进，城市面貌日新月异。我国现代城市夜景照明事业的发展虽然起步较晚，但发展迅猛，在短短20多年里取得了辉煌的成果。改革开放以来，我国的景观照明发展经历了初创、发展及普及3个阶段。

1. 初创阶段

自20世纪80年代到2008年奥运会之前中国的景观照明基本上处于初创阶段，在城市中主要以功能性照明为主体，在极个别的重点公园或重大节庆时会有一些彩灯装饰。一、二线城市中有个别的城市地标性建筑以泛光照明为主，用投光灯将建筑外立面照亮是当时城市景观照明的基本手法，例如天安门城楼的投光及顶部装饰球泡的手法，照明灯具包括荧光灯、钠灯、金属卤化物灯、少量LED灯具。LED灯具技术尚不成熟，较易损坏，大幅度使用会增加工程的成本，故在这段时期城市功能及景观照明主要以传统光源为主。

2. 高速发展阶段

我国城市景观照明高速发展的阶段是2008年北京奥运会之后到2015年。这个阶段LED灯具的技术逐渐成熟，在工程的运用中也逐渐偏多，洗墙灯、点光源、轮廓灯、投光灯、窗台灯、地埋灯、水下灯等都有专业的厂家。2010年末中国掀起了一股商业综合体的照明旋风，以万达集团为代表的开发商带动了一批设计公司、工程公司、灯具厂家。商业综合体的照明工程投资动辄投入千万以上，巨大的行业商机，让照明设计公司充分历练了自己的设计能力，规范了自己的照明设计流程；照明工程公司和厂家则也因商业地产项目的增加而提升了营业额和增加了生产经营规模。LED灯具的大规模使用在城市景观照明规划中的运用日渐增多，商业综合体和城市夜景照明规划是我国景观照明应用的两大重要板块。

　　3. 普及阶段

　　以杭州G20峰会景观照明工程为标志，点燃了中国城市景观照明建设的新一轮的井喷高潮，单个城市景观照明工程的体量实现了从几个亿到几十个亿的跨越。2016年中国景观照明市场规模达到558亿元，"十三五"期间仍保持10%以上的增速，至2020年行业规模已达到千亿元。

　　目前我国城市景观照明正在经历高速而又无序的发展阶段，过快的景观照明建设给城市会留下诸多隐患，光污染、能源浪费、灯具的安全隐患都是需要考虑的问题。下一阶段城市景观照明建设在经历市政照明建设的高峰后，伴随着人们审美地不断提高而回归理性，将更多地以人文、舒适、祥和的理念发展景观照明。

4.2 景观照明的意义

　　现代人工照明环境和照明景观通过科学与艺术地结合，建立自然、和谐、景色优美的夜间环境照明。不仅能在功能上满足饰景性和安全性，意境上更是能创造一种形象，解读一种关系，凸显建筑的个性，对居民生活、城市形象、经济发展及社会人文方面都具有深远的影响。

4.2.1　对居民生活的作用

　　灯光在给人们带来持续稳定的光明的同时也在不断地满足人们追求精神文明提升的需求。城市景观照明极大方便了人们的夜间出行，人们或聚集在公园中、或散步、或广场舞休闲、或欣赏城市夜景，人们也可以在夜间去逛商场、看电影、吃夜宵以及参加各种夜游活动，这改变了千百年来人们日落而息的生活习惯（图4-1）。例如广州地区，特色夜生活街区和大型文化娱乐中心区不但使居民夜间生活丰富多彩，而且扩大了夜间消费，使其成为一座名副其实的不夜城。

4.2.2　对提升城市形象的作用

　　美妙的夜景可以使人们释放白天辛勤工作的压力，享受安逸舒适的夜生活。城市夜景照明可以提升城市的精神面貌，促进城市和谐发展，使整个城市朝气蓬勃。优秀的城市景观照明不但可以改变城市印象，给人留下了深刻的记忆，而且可以呈现城市的特征，凸显其历史文化底蕴，是城市的一张重要名片。广州市的景观照明以展现广州独特的岭南文化、塑造丰富的视觉层次、营造国际品质的城市夜景为理念，打造国际一流珠江沿线景观，树立良好的城市形象，极大提升了广州的影响力（图4-1）。

图4-1　广州市夜景

4.2.3　对拉动城市经济的作用

　　任何投资行为都离不开经济思维，对于目前城市景观照明建设工程的动辄几亿到几十亿的投资，不能不考虑投资的回报率。城市景观照明的投资回报是隐性的，不能立竿见影，需要从宏观及多方面的因素去考虑投资回报率。城市景观照明延长了人们的休闲娱乐时间，在这个休闲娱乐时间内人们就会增加消费，拉动社会经济，在景区内景观照明的回报可能较为明显。有景观照明的公园更能吸引人群，延长入园观赏时间和消费时间。近几年兴起的文旅项目大多增加了景观夜游的部分，夜游门票的直接收入、地价房价升值的收入、内部展览经营的收入等都是景观照明带来的收益。夜游市场，不仅带来了餐饮、住宿、服装、民俗特产

图4-2 广州市地标建筑物——广州塔

及工艺品、旅游配套服务等各个方面的直接营收，还增加了居民的就业机会，促进了相关企业的文化建设和传播。城市景观照明建设给城市带来的间接收益是巨大的（图4-2）。

4.2.4 社会意义

城市功能及景观照明的建设和完善，增强了城市的服务功能。夜间城市功能和景观照明可降低犯罪率，明亮的景观视野可震慑犯罪分子，预防城市夜间刑事犯罪的发生，提高城市刑事犯罪的破案率。通过夜景照明可以反映一个城市的自然、人文环境，提升城市品位，体现城市文明，扩大城市影响。每一个城市都有自己的历史和文化背景以及自己独有的气质，展示自身独有的魅力，成为一个城市新的竞争力。城市照 明发展应取得这个城市居民的认同，得到群众的拥护，既可以彰显这个城市的历史文脉、经济成就、城市地标、人物代表等综合特征，又可以提升群众的自信心与自豪感，提高城市的美誉度，激发城市居民做事创业的决心和信心，使人们团结一心，克服困难与险阻，取得最终的胜利。广州市在2020年新冠疫情期间通过灯光展示向一线医护人员致敬，为武汉加油，极大地鼓舞了人民群众战胜疫情的决心（图4-3~图4-5）。

图4-3 向医护人员致敬

图4-4 武汉加油

图4-5 最美逆行者

4.2.5 景观照明应用简介

（1）广州中心城区重要立交桥照明改造工程（一期）

本工程包括广园东路-科韵路立交、黄埔大道-科韵路立交、新港东路-科韵路立交，以各照明设施所在的位置及周围环境为衬托，采用因地制宜，实现功能照明与景观照明的有机结合的方式防治光污染。

广园东路-科韵路立交地处广州东城乡结合位置，为市中心东面主要入口通道。结合桥体条件采用麦穗灯，既体现了穗城历史文化底蕴，又能勾起本地居民对以往田园生活的美好回忆，从而凸显广州经济文化艺术发展的速度和活力（图4-6）。

黄埔大道-科韵路立交以金融城、科技城等功能业态为主进行照明设施建设。本立交的夜景灯光定位为：科技之韵，因地制宜，采用现代简约高效的手法，实现功能照明和景观照明的有机结合（图4-7）。

广州立市、发展之源在于珠江入海口，新港东路-科韵路立交临近珠江，位处广州CBD珠江新城附近。我们以水为设计元素，采用现代、靓丽的水纹灯和护栏灯对桥梁进行夜景美化，体现广州的水文化和前沿科技的发展（图4-8）。

（2）麓湖公园夜景照明亮化提升工程

本工程对麓湖公园沿湖栈道、沿湖景观园林、构筑物的照明设施进行改造，全长约3.6km。改造前麓湖照明设施大部分区域亮度不够，功能性照明缺失，景观照明视觉功效差，眩光严重，景观照明与功能照明混淆，影响夜景的美观度和

图4-6 广园东路-科韵路立交照明示意图

图4-7 黄埔大道-科韵路立交照明俯瞰图

图4-8　新港东路-科韵路立
　　　交照明示意图

夜游游玩路线。

　　在麓湖公园夜景照明亮化提升工程中，对南北岸线进行分类，并以"和谐"为设计理念，完成功能照明建设与景观照明建设，使照明设施与景观、构筑物可以相互协调，同时采用智能照明控制系统对照明设施进行合理调控，从而达到最佳的艺术照明效果，丰富人们的夜间生活（图4-9、图4-10）。

图4-9　麓湖公园岸线照明示
　　　意图

图4-10　麓湖公园景观照明
　　　　示意图

（3）二沙岛照明景观品质建设工程

根据广州市城市总体规划，为市民打造一个舒适、温馨、和谐的"光"环境，总结为3点："形""意""象"。提升区域夜间形象（夜间光环境品质），表达区域文化内涵，塑造夜间品牌印象，满足都市人群夜间多方位需求及体验，因此进行二沙岛照明景观品质建设工程。

本工程以"光随心动·月下足影"为设计主题，将二沙岛打造成广州市的城市花园，营造静谧的光环境，注入广州文化的新血液，塑造一个"有特色、有差异、有剧情"的光影空间，并以光为笔，编制一幅有意境、充满想象力的、带有广州传统色彩的夜景观。

本工程主要采用以下措施进行光污染防治：

①创新思维。从简单的"亮起来"到"IP故事"的光影剧演变，让市民体验不同的灯光感受，同时也丰富市民对地方文化的了解，让光不再单调。新概念的产生，让光更有意义、更有价值、更有使命。在项目的"主题灯光雕塑、图案投影"的设置，仿佛在向人们诉说着身边的大城小事，让光更加贴切、生动，具有了生命力（图4-11~图4-14）。

图4-11　灯光雕塑

图4-12　灯光图案投影

图4-13　树灯照明

图4-14　节能草坪灯

②设计源于生活。项目中灯光场景元素源于大自然唯美的形态：水波涟漪、彩蝶等等，让灯光更生态、更生活。以"绽放"为主题的雕塑设计，以广州市花木棉花为设计元素，其寓意象征广州幸福美好、生机勃勃、华丽绽放的发展景象，雕塑的设置让景区夜间更有活力及内涵（图4-15~图4-19）。

图4-15 "绽放"白天俯瞰图

图4-16 "绽放"夜景图

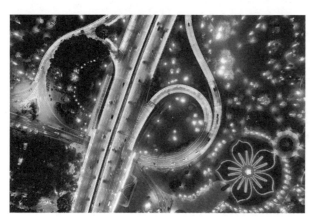

图4-17 "绽放"整体俯瞰图

图4-18　水波涟漪光投影

图4-19　蝴蝶光投影

③技术手段创新。利用投影的表现手法，表达"云山珠水"的空间意境，以"水涟漪"等为主要元素，唯美、灵动的涟漪衔接着珠江水韵，让场景更加生动、更富有联想空间（图4-20、图4-21）。

图4-20　二沙岛整体照明俯瞰图

图4-21　珠江水韵照明示意图

4.3 景观照明的规划

城市景观照明建设规划应根据城市发展需求，调查研究城市自然地理风貌、历史人文特征、经济发展水平和现状建设情况，结合对政策和规划的解读、公众和专家的咨询意见，确定其发展的方向和目标。

4.3.1 从亮到美

城市照明建设规划应优先保障功能照明，满足居民基本生活需求，在此基础上优先安排景观照明建设。灯光最初的功能是照明，如今延伸出了更多的功能，不仅成为美化城市的重要组成，也可以通过灯光来讲述一个故事，唤起一段记忆，展现一座城市。因此，路灯不仅是夜行人的一双眼睛，更点亮了城市夜晚，是一个城市对外形象展示的重要符号。如在广州市增城区等地进行的乡村亮化工程，路灯的建设不但满足了村民基本的照明需求，点亮了村庄的夜晚，使居民夜间活动多姿多彩，是村庄美好生活最鲜活的表达方式、最温馨的现实图景（图4-22）。

图4-22 美丽乡村路灯

4.3.2 从美到雅

城市照明建设规划应统筹协调功能照明与景观照明，强化整体性，营造和谐的光环境。景观照明是针对建筑物景点进行照明亮化，通过人为的设计和创作，

图4-23　广州东濠涌夜景图

图4-24　东濠涌夜景图

让其在灯光作用下显得更有艺术感。每一座城市有着自己独特的文化气息，一个完整的景观照明应与周围环境相融合，更要体现一座城市的韵味与审美，完成从美到雅地转变（图4-23、图4-24）。

4.3.3　从雅到丰富多彩

城市景观照明一定要结合城市整体规划，不同的区域用不同的灯光效果和展现手法，展现不同的夜景主题。无论是天空视角、水镜视角，还是陆地视角，都可以饱览不同的城市夜景风光，用灯光为城市营造高级感、立体感。

城市景观照明的丰富多彩更体现在技术方面，先进的照明设施及丰富的照明科技更能反映一个城市的科技底蕴，充分体现一个城市的精神面貌及发展潜力。广州市临江大道（广州大道-科韵路）照明工程充分利用现代科技进行景观照明规划与建设，不但使城市夜景展现出不同的美，现代科技更体现出广州市的创新气息与蓬勃向上的发展环境（图4-25~图4-27）。

图4-25 国庆阅兵灯光秀

图4-27 魅力羊城动画

图4-26 欢度春节灯光秀

　　此工程采用透明"共形屏"及LED灯等节能环保照明设施，同时配备了环境亮度自适应调节系统，透明"共形屏"亮度可以根据环境照度变化而自动调整，从而实现节能的产品设计目的，采用透明"共形屏"关键元器件均符合ROHS国际电子产品环保指令。此工程的透明"共形屏"采用高品质LED芯片，同时透明"共形屏"配置高效电源，电源功率因数大于0.95，同等使用条件下，透明"共形屏"使用功耗能够节约30%。同时本工程设置独立的照明控制系统，并能够接入广州市照明建设管理中心现有的照明总控系统，实现远程控制，不仅在海珠广场本地控制室可以实现远程监控及电源管理，一键触发多系统同步播放等功能，在行业主管部门处也可以实现相关的控制功能（图4-28~图4-30）。

图4-28 透明"共形屏"动画展示

图4-29　控制室　　　　　　　　图4-30　远程智能控制系统

4.4　景观照明的实践

　　城市景观照明建设应以建设规划为指导，明确发展理念和发展目标，确定建设对象与建设步骤，实现目标明确、方法得当、技术可行、步骤适宜的建设指导意见。以广州市为例，该市以全面统筹规划、体现城市特色、以人为本、环保节能及可实施性为指导思想，以布局合理、特色鲜明、服务民生、建设生态文明为目标，对广州市景观照明设施进行规划设计，目前已建成诸多特色景观照明工程，如"一江两岸三带"核心段景观照明工程。

4.4.1　效果展示

　　该工程西起白鹅潭、东至东圃特大桥，全长约20km，涉及越秀、海珠、荔湾和天河4个区，包括711栋建筑、10座桥梁、海心沙和花城广场两个广场，以及珠江南北岸共约40km岸线，共安装灯具50多万盏，于2017年底顺利完工。主要内容包括以下6个方面：

　　（1）24栋建筑

　　从江湾桥到海珠桥北岸之间的24栋建筑，是这次工程的核心标段，通过创意十足的动画演绎方式，为整个项目起到画龙点睛的作用（图4-31）。

　　（2）一桥一景

　　珠江是广州的"母亲河"，美化亮化珠江上的人民桥、白鹅潭引桥等10座桥梁，结合桥体结构和桥梁的设计理念进行设计，犹如玉带飞舞，形成"一桥一景"，成为点缀珠江的景观节点（图4-32）。

图4-31 核心段照明

图4-32 一桥一景

（3）沿江岸线

长达20km的珠江岸线景观整体统一，富有层次感。在整体上，白色珍珠灯具串联一江两岸，形成了珠江独特的风景线。在横向层次上，沿着城市发展的脉络，用四段光色呈现城市发展的近现代史，光色由暖到冷依次变化。在两岸纵深设计中，采用近暖远冷的光色层次，让岸线整体生发出梦幻般的美学效果，令人对珠江沿岸流连忘返，留下美好而深刻的城市印象（图4-33）。

图4-33 沿岸江景

（4）第五立面

利用珠江新城64栋建筑天面打造独特景观效果，安装8621套LED节能景观灯具，主视角点为广州塔观景平台，每天18：30~21：30开启，并有3个节目供游客观赏。这是全世界首个用建筑第五立面（即建筑顶面）作为夜景表现载体的景观项目。站在广州的城中央，感受高空中的晚风拂面，俯瞰珠江新城CBD核心地段，64栋高层建筑顶面以花城广场为中轴线，对称分布，点亮夜空，形成全球独一无二的夜景观盛宴（图4-34）。

图4-35 珠江帝景建筑群夜景

图4-34 第五立面俯瞰图

图4-36 海心沙广场

（5）建筑单体

香格里拉大酒店、金融街区域、珠江帝景建筑群夜景照明遵循建筑设计思路，表现建筑的横向线条。通过黄光和暖白光的光色差异，在立面上达到日月交辉的画面，同时用珠水点光源营造繁星漫天的效果，用灯光秀完美展现人与自然和谐共处的主题，烘托广州塔夜景地标效果（图4-35）。

（6）两个广场

花城广场：庭院灯、照树灯，设计新颖，格调高雅，使位于广州新中轴线的花城广场更有序、更完美。

海心沙广场：灯光提升，焕然一新，流光溢彩，像一个落入凡间的七彩仙境，浮现在新中轴和珠江两条城市轴线的交汇处（图4-36）。

4.4.2 技术创新

广州市"一江两岸三带"景观照明工程遵循节能环保的理念，采用新技术，新材料，新工艺，具有以下技术创新特点：

（1）总控系统

此项目基于地理信息系统技术建立"一江两岸三带"城市照明一体化的信息管理支撑平台，实现城市景观照明建设、运行、维护相关业务的无缝集成和全生命周期管理，为智慧城市建设提供支持。

效果动态演绎部分需要灯光、音响、传感和监控系统的组合演绎，涉及建筑美学、照明、电气、光学、景观、建筑工程等多种专业。控制系统规模大，受控灯具数量及瞬间信息传送量大，接口协议复杂多样，对总控系统的集成能力、容错能力、抗干扰要求及整体安全性提出了极高的要求。具体表现为以下几点：

①基础模式、主题模式、节能模式的分时段开启和稳定运行。

②媒体立面及第五立面根据表演需要，实时调整开启时间，实时切换表演内容，与传感系统及音响系统同步联动，流畅稳定运行。

③表演区域设置人流监控系统控制，接入集控平台，突破人流上限，系统自动报警，通过开关演绎模式防止人流过于密集。

（2）灯具技术

①99%的灯具是高效LED灯具，采用标准DMX512-A协议单灯控制，搭建大数据集控平台，出现故障能及时反馈。

②综合运用了效果目标量化、灯具质量检测、现场试灯比选等多种质量把控手段，确保灯具品质。

③采用科学的布灯方式，根据被照面特点，综合采用多种配光曲线的灯具，所有的灯具角度均经过精心调整，设有防眩光控制系统，在满足优良的均匀度的同时，提高单灯利用效率，节约灯具的使用量。

④采用RGB+W的色彩控制系统，4000K白光不仅能参与丰富多彩的主题照明表演，使色彩变化更丰富柔和；同时，也能作为基础照明的一部分，呈现常态照明效果。

⑤媒体立面LED点光灯灯具采用铝型材穿孔、表面做建筑漆色喷涂（漆色参照现场提供色板），灯具、铝型材颜色均匀和建筑外观颜色相一致，白天效果隐蔽美观。

⑥大部分LED灯具选用12~24V安全电压，避免触电事故发生。

（3）实施工艺

项目主要在已有的建筑物、构筑物、树木上进行灯具安装工作，涉及建筑立面、顶面、市政道路、桥梁等各种建筑物，建、构筑物，高度、形式多样，施工方式涉及支架、挂篮、水上作业等多种方式；灯具种类包括点光源、线条灯、投光灯、洗墙灯、投影灯、埋地灯、金卤灯等多种类型，安装方式复杂、多样；施工内容涉及管线开挖、修复，建、构筑物修复，文物保护、消防、防雷安全、通信、园林绿化保护、堤岸安全、各类管线平衡等相关内容，涉及的行业较多，对施工工艺的技术要求较高。

广州市"一江两岸三带"景观照明工程通过精细化设计，实现效果、造价、能耗最优。根据观赏点视线分析、视看角度、视看距离，对灯具效率、间距、疏密、安装面进行精细化推敲、计算和实验模拟，控制造价和耗电量，单场表演15min电费仅839元。同时，严格按照《城市夜景照明设计规范》JGJ/T163中的要求，依据区域属性设置合理指标，对亮度进行控制；采用高效节能的LED光源、灯具和电器附件；同时通过分模式、分时段的场景控制，节约能源。

4.5 景观照明规划与建设理念

城市景观照明的规划与建设应以人为本、因地制宜，同时体现当地特色和文化历史底蕴并贯彻全生命周期的节能环保理念，明确城市景观照明的节能控制指标，鼓励使用节能产品，推广环保照明技术，减少光污染。

城市景观照明应满足在保障改善民生、强化规划约束和建设生态文明等方面的发展需求，坚持环保节能、可持续发展的原则，正确处理控制与发展的关系，促进智慧公共照明管理，最终建设现代化高水准城市景观照明。

第 5 章

智慧灯杆

5.1 智慧灯杆技术研究的背景

依据国家"智慧城市"建设的总体要求，为加快推进建设以智慧杆为重要载体的智慧化基础设施，实现整网统筹、系统构架的发展理念，提高城市基础设施的建设品质，整合烦冗的各类道路功能杆件，保障道路交通出行安全和公众出行方便，维护良好的市容市貌，合理有序的使用城市道路空间，构建更加宜居的城市环境，开展智慧灯杆的技术研究与规范化应用具有很强的急迫性。

当前城市道路沿线根据功能用途的不同，布置有较多的市政设施杆件，这些杆件主要用于交通标志、智能交通设备、照明设施、电车系统设备、路名标识、广告等。通过调研发现，目前城市道路杆体从功能用途和使用特点上大体上可分为10个大类，27个子类，结合各类杆件的用途、安装位置、电力属性等的统计，详见表5-1所示：

城市道路杆件性质分类　　　　　　　　表5-1

编号	大类	子类	电力属性	安装位置	位置灵活性
1	路灯	车行道路灯 人行道路灯	强电	道路沿线两侧和道路中间隔离带	相对固定
2	信号灯	机动车、非机动车信号灯 行人过街信号灯	弱电	交叉路口、多路环形路口和人行道两端	相对固定
3	交通标志	警告标 禁令标志 指示标志 告示标志 作业区标志 旅游区标志	无电	车辆前进方向的道路右侧或车行道方向	相对灵活
4	媒体发布牌	FM交通频道信息牌	无电	道路沿线	相对灵活
		LED停车位信息牌 LED交通信息牌	弱电		
5	路名牌	—	无电	路口及路中	相对灵活

编号	大类	子类	电力属性	安装位置	位置灵活性
6	监控探头	交通监控 执法电子警察 社会治安监控	弱电	治安复杂地段、城市主要交通地段	相对灵活
7	电车杆	—	强电	道路沿线两侧	相对固定
8	行人导向牌	地铁 码头 场站导向牌 公厕 景点 指路查询牌	无电	人行道沿线	相对灵活
9	绿道牌	—	无电	绿道沿线	相对灵活
10	其他	消防取水点 河涌危险提示	无电	道路、河道沿线	相对灵活

从上述调研统计情况可以看出，城市道路现存的各类功能用途的杆件种类繁多，安装部位形式多样。另外，由于杆体上加载设施的内容及属性不同，给杆体的安全性还带来了一定的不确定性。结合调研情况进行评估发现，各类市政设施杆在城市的管理和运维方面主要存在以下不足：

1. 杆件林立影响市容市貌。各标识支撑结构的高度、颜色、尺寸不统一，影响道路整体景观。

2. 重复建设、浪费资源。同类杆件重复建设，不同杆件互不共享造成土地资源、空间资源及成本的浪费。

3. 功能相互干扰。相邻杆体上的不同标识牌存在互相遮挡、标识意义不清晰或冲突、设置高度不合理等问题，影响使用功能。

4. 存在安全隐患。道路杆件位置设置不合理、杆件数量多、杆体承载设施的布设和调整不规范（尤其是后期增减）、杆体经久失修锈蚀破损严重，给民众造成不便，甚至是安全隐患。

5. 各类杆件的运维涉及部门众多、多头管理、协调复杂，浪费了较多的公共管理资源。

综上分析，整合和优化各类市政设施杆件存在现实的必要性，找到各类杆件的"最大公因数"，精简与合并各类杆体，因地制宜优化杆体的功能组合，合理布设，同时融合智慧城市发展建设的新技术，实现互联互通，在提升城市管理的效率，控制能源消耗，降低维护和管理成本方面具有巨大的现实意义。

结合国内外试点与运营的经验，"智慧杆"的建设是通过以灯杆为载体整合现有公共设施功能，并预留新型智能设施的加载空间，实现城市空间资源和公共经济投入的集约化使用，并为"智慧城市"的建设提供一种可行的支撑平台，是解决上述各项问题的有效手段。在智慧城市的规划建设中，路灯杆因其具有位置上的普遍性及供电系统的特殊性两大优势，使其成为融合各类功能杆件的最佳对象，同时也成为物联网在城市中的重点应用领域。"智慧杆"目前已在国外的洛杉矶、圣地亚哥、巴黎和国内的北京、上海、广州、杭州等城市相继试点安装，并收到了良好的社会效益和经济效益。

5.2 智慧灯杆技术研究简介

智慧灯杆是以灯杆为载体（图5-1），通过挂载各类设备提供智能照明、移动通信、城市监测、交通管理、信息交互和城市公共服务等功能，可通过运营管

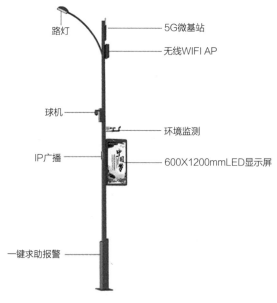

图5-1 智慧灯杆构成示意图

理后台系统进行远程监测、控制、管理等网络通信和信息化服务的多功能道路灯杆。智慧灯杆系统由杆体、综合机箱、综合机房、供电系统、通信系统、信息采集系统以及配套管道等设施构成。

5.2.1 广东省标准《智慧灯杆技术规范》DBJ/T 15-164-2019介绍

广东省住房和城乡建设厅于2019年发布了全国第一本省级《智慧灯杆技术规范》DBJ/T 15-164-2019，该标准的编著单位同样也是该规范的主要编制单位。该规范共分8章，适用于新建、改建智慧灯杆的规划、设计、施工、检测和验收、运行管理和维护。此处结合对广东省标准《智慧灯杆技术规范》DBJ/T 15-164-2019的简介，对智慧灯杆技术做一一介绍。

本标准共分8章。主要内容包括：1．总则；2．术语；3．基本规定；4．系统规划；5．系统设计；6．施工；7．检测与验收；8．运行和维护。具体的技术内容包括：

1．适用范围

本规程编制过程中，编制组进行了广泛而深入的调查研究，总结了广东省及国内其他地区智慧灯杆的应用技术和研究成果，该标准的内容与国家现行的法律、法规及标准规范的规定相一致，适用于广东省新建、改建智慧灯杆的规划、设计、施工、检测和验收、运行管理和维护。

2．规划与建设的基本原则

智慧灯杆作为统筹性的智慧城市基础设施，应联动各行业应用建立起覆盖范围广、功能齐全的信息感知网，并应充分考虑与城市风貌景观相融合，对杆体、机房、传输管线、电力管线和运营管理平台进行整网统筹，实现信息基础设施共建、共治、共享。

3．系统规划

明确了智慧灯杆系统规划的原则、步骤、布点规划、规划编制等内容。智慧灯杆系统以传统的路灯杆作为依托，以服务区块为基本单元，服务区块可结合空间规划及市政道路分布等要素进行划分，据此有效地解决了智慧灯杆空间规划的难题，也可有效地实现5G网络覆盖面广的现实需要。

4．系统设计

系统设计包括系统功能、杆体、挂载设备、综合机房、综合机箱、供配电系统、管线、防雷与接地、漏电保护、运营管理平台、信息安全、智能网关等技术内容。

智慧灯杆的照明功能作为智慧灯杆的基本功能，本标准关于照明光源的光照、节能、光污染防治等与现行《城市道路工程设计规范》CJJ 37、《城市道路照明设计标准》CJJ 45和《城市夜景照明设计规范》JGJ/T 163的规定一致，并在此基础上增加了"单灯控制"等远程监控技术要求，可实现路灯联网监控，光照根据需要及天气等因素动态调节。

　　智慧灯杆作为众多挂载设备的综合平台，杆体的技术性能除应符合各挂载设备对其性能要求的同时，还增加了有关拓展性和安全性冗余的考虑，本标准中对杆体的工作环境温湿度、防护等级、抗震性能、防腐性能、荷载性能、杆体型式、分层原则、姿态监控等都作出了具体规定。

　　智慧灯杆上挂载设备的配置应根据不同的使用需求确定，本标准根据不同的应用场景（如高速公路、快速路、商业步行街等），并结合前期大量调研的结果，提供了推荐性配置，更便于设计人员进行选择。

　　综合机房是智慧灯杆配套的基础性设施，其有关的技术性能在本标准中要求符合《数据中心设计规范》GB 50174、《通信局站共建共享技术规范》GB/T 51125等国家与行业规范要求的同时，还对不具备建设条件的情况，可使用杆箱一体化底座式或独立式综合机箱的方式予以解决，并对综合机箱的具体技术性能作出规定，提升了本标准的全面性和可操作性。

　　供配电系统在符合传统的有关供配电技术要求的同时，考虑智慧灯杆的多挂载设备和多人员接触的状况，本规范就间接接触防护提出宜"采用双重绝缘或加强绝缘的电气设备（Ⅱ类设备）"的技术要求，本技术要求是在充分调研了当前国内智慧灯杆生产厂的技术能力与成本因素后确定的。另外，关于智慧灯杆配置有充电桩的情形，该标准引用了广东省最新发布实施的《电动汽车充电基础设施建设技术规程》DBJ/T 15-150-2018中的相关规定。

　　关于管线的设计要求，该标准在符合传统电力、通信管线相关规定的同时，充分考虑了智慧灯杆集多种挂载设备于一身的现状，以共建、共享、共治的理念制定管线的技术要求。例如，智慧灯杆应具备为挂载设备提供统一传输接入服务的能力，每根智慧灯杆宜配置不少于12芯的光纤资源，满足安防监控、移动通信基站、智能网关等设备的裸纤传输接入需求。非裸纤传输接入的挂载设备可由智能网关统一提供传输接入服务。

　　运营管理平台是智慧灯杆正常运行的大脑，对于单一挂载设备的管理平台而言是全新事物，其不仅是多个挂载设备管理功能的集合，更是对跨行业（如公安、通信等）管理的整合。该标准对智慧灯杆运营管理平台的功能、平台管理、数据管理、接口协议作出具体规定，也对平台的核心关注点-安全性（信息安全、数据安全、平台安全）作了重点要求。

该标准中有关智能网关技术的规定，是物联网技术在智慧灯杆系统中的生动应用。智能网关连接智慧灯杆系统的内网和系统以外的外网，保证内外网络的通信，内网是系统内所有挂载设备的联网，每一个智能设备被当作一个终端节点，所有终端节点受智能网关的集中管理和分散控制。外网是指外部的以太网、GPRS、4G、5G网络，用于连接智能网关的智能管理终端，如智能手机、平板电脑等，从而实现远程控制和查看信息。该标准对智能网关的组网方式、接口协议、接口形式、功能设置等作出具体规定。智能网关的组网示意图如下：

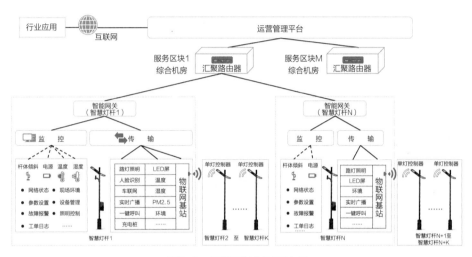

图5-2 智能网关组网示意图

5. 施工

施工章节的编写对应系统设计的有关内容，与设计要求遥相呼应，做到"设计有要求，施工有办法"。该章节从材料设备进场检查，到具体的施工技术要求，再到有关的施工流程和调试与试运行都做了具体规定。对于智慧灯杆系统特别关注的信息安全性，从施工技术方面也做了重点要求：对于智慧灯杆系统中有保密要求的或者不允许共享的设备数据信息，应单独通过指定的网络传输，或者汇聚到指定的信息存储中心。对于智慧灯杆系统中无保密要求的设备数据信息，可直接汇集到建设方的智能网关，由智能网关将数据回传到管理平台进行统一管理和数据共享。

6. 检测与验收

该章节的内容架构以智慧灯杆系统架构为参照，与前述设计、施工章节内容相协调，对系统试运行、检测内容、验收流程、验收条件、验收流程、验收结论等作出具体规定。验收条件中有关系统检测的规定，防范单一系统或挂载设备性能良好，但组成综合系统后的性能下降、不兼容，甚至产生冲突的情形发生。对于检测数量，确定以检验批为划分单元，以智慧灯杆或被检装置为计数单位，明确了每一检验批的最小抽检数量。

关于杆体、供配电系统、挂载设备、照明系统、运营管理平台等的检测验收技术要求与现行国家或行业标准保持一致。例如，该标准中规定照度、亮度、环境比、眩光等指标应符合设计要求和《城市道路照明设计标准》CJJ 45的规定；智慧灯杆挂载的交通信号灯及安装要求应符合《道路交通信号灯设置与安装规范》GB 14886、《道路交通信号灯》GB 14887的规定。

7. 运行和维护

该章节对智慧灯杆运行维护的内容、流程、管理制度、隐患排查等进行了规定。对于运维人员日常的工作内容、关注重点给出了清晰的指导，更方便运维工作的开展，对整个智慧灯杆系统的正常运作提供了技术性的保障。

5.2.2 智慧灯杆应用介绍

智慧灯杆应用可分为利用旧灯杆改造和替换旧灯杆两种方法。根据信号覆盖需求进行现场选点，筛选出现场杆体不被大树遮挡、高度满足覆盖要求和网络结构要求的灯杆加以改造。主要有以下3种改造方案：

1. 若杆体能满足复核要求，则在原有路灯杆上直接加通信功能。

2. 若杆体不能满足复核要求，则替换原有灯杆，增加杆体荷载能力。

3. 替换原有灯杆，除了新增通信功能外，同时征求相关部门意见，是否满足迁移条件把旁边杂乱的监控设备融合到新灯杆上，提升环境美观性。

以广州市利用旧灯杆改造智慧灯杆为例，具体效果如图5-3～图5-5所示。

图5-3　通信设备+交通杆改造示意图

图5-4　通信设备+路灯杆+监控杆改造示意图

图5-5　通信设备+路灯+指示牌改造示意图

　　当道路灯杆年限已到，需把原有路段的原灯杆全部替换时，建议路灯部门牵头，替换为多功能灯杆（智慧灯杆）。新建与道路环境相协调的多功能灯杆，可实现移动通信、公共WIFI、智慧照明、监控录像、环境监测、应急广播、信息发布，甚至充电桩等多种功能。根据不同运营商通信基站覆盖需要选取间隔合适的多功能杆，增加通信设备，满足未来5G网络和智慧交通的覆盖部署。以广州市智慧灯杆改造为例，具体效果如图5-6、图5-7：

　　广州市天河南二路的智慧灯杆改造工程是广州首批智慧路灯项目（图5-8），目前已在广州天河南二路试点运营。该项目智慧路灯不但智能可以自动调节路灯

图5-6 未改造之前灯杆示意图	图5-7 改造之后智慧灯杆示意图

亮度，满足照明需求的同时更加节能环保，而且集合了视频监控、基站、道路指示牌、便民手机充电（图5-9）、电动汽车充电（图5-10）等功能，民众还可以在路灯基座的触摸屏上查阅路况、搜索城市信息，并且天河南二路智慧灯杆设置一键求助功能（图5-11），如果市民遇到突发情况，可以通过此按钮求助。这种"一杆多用"路灯还可为未来5G网络布局提供最佳途径。

　　天河南二路智慧灯杆外形简约，实现了资源共建共享共治。经整合，天河南二路的道路杆件由原来的52杆缩减至35杆，街道环境的改善效果明显，并降低了社会公共事业成本（图5-12）。

图5-9　便民手机充电功能
（图片来源于"南方⁺"）

图5-8　智能路灯
（图片来源于"南方⁺"）

图5-10　汽车充电功能
（图片来源于"南方⁺"）

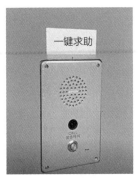
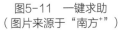

图5-11　一键求助
（图片来源于"南方+"）

图5-12　智慧灯杆示意图

　　广州市作为5G网络试点城市，未来5G微基站需求量巨大，智慧灯杆可提供载体、供电、通信等基础保障。智慧路灯杆作为微基站的优质载体将为未来5G网络布局提供最佳途径，而路灯分布广泛、均匀、密集的属性可成为城市物联网的优质载体，应用于"平安城市""无人驾驶"等领域。

照明已经从最初灯泡的基础应用发展到规模化、系统化、集成化与智能化的科学应用，现代照明的功能越来越强大，越来越社会化，与社会经济的发展和人们的生产、生活密不可分，已经成为十分重要的民生产业。照明对整个社会的影响从来没有像现在这样不可或缺，并成为社会繁荣、进步的象征。但是，城乡照明要实现可持续发展，就要树立科学的发展理念，要塑造照明的"灵魂"。

无论照明技术如何发展，或发展到更高级的智能化水平，其根本目的只有一个：照亮生活与工作的空间。这就决定了照明的"灵魂"必须是为人服务。因此以人为本、创造健康的光环境就是照明的"灵魂"。

在实现照明基本功能的前提下，美化城市环境也具有重大意义，五彩缤纷的夜景照明不仅可以给人们提供一个良好的夜视环境和生活环境，还是一个城市经济发展的名片，因此照明应与城市的人文风貌、建筑特点相互吻合，使整个城市夜间照明重点突出、特色明显。

城市照明发展理念

6.1 城乡照明基本功能

随着我国经济的飞速发展，城市规模不断扩大，旧城改造如火如荼，城市路灯建设也走上了快车道。从诸多报道可见，不少城市的路灯数量成倍增长，路灯丰富多彩，为市民创造安全舒适的夜间环境。城乡照明的基本功能主要让城乡"亮起来"，满足人民群众的基本生活需求。

经济发展的不同影响着照明工程的发展进程，现代化城市的照明已经经历了"亮起来"的阶段，然而在一些偏远乡村还存在"有路无灯，有灯不亮"的现象，广州市正在开展美丽乡村的建设，便是积极应对这一现象的举措（图6-1、图6-2）。乡村照明亮化工程是美丽乡村建设的重要的组成部分，照明是一切生活和工作的基础，只有将基础打好，才能真正的将乡村发展起来。

图6-1 美丽乡村村内路灯　　　　　　图6-2 美丽乡村道路路灯

近年来在广州市照明建设管理单位地推动下，广州市对乡村照明亮化工程的投入不断增加，在广袤的岭南地区新建了一大批照明设施，照明设施的大量增加让乡村居民在夜间的生活更加便捷，大幅度提高居民生活舒适度。

照明设施数量的迅猛增长意味着照明行业趋势必将从量的铺张转向质的优化，通过开展"精细化、品质化"的提升行动，满足市民对都市夜间环境品质的需求。

6.2 城市名片

城市名片是能代表城市形象或是代表城市标志的东西，是能让人直接了解到一座城市的内涵与精神，并促进城市的发展，是一个城市自身特色及价值观念的载体，是城市认同感建构的元素之一。城市名片也存在着各种各样的表现形式，照明工程就是其中之一。

由于城市夜景照明基本载体的不同，城市景观照明主要分为两大类：自然景观照明和人文景观照明。而人文景观照明是夜景照明的主要部分，随着人文环境的不同，其景观照明的设置及控制方式也有着较大的不同。

每一个城市都有各自的历史和文化背景，城市名片就是要把这种差异化的特质提炼出来，并与照明工程相融合，形成一种新的城市竞争力。塑造城市名片是一项文化工程，而以广州塔为中心，花城广场至中心大厦为核心新中轴线的建成标志着广州这座现代化都市城市名片的形成，同时也为广州城市会客厅增添了新地标，其照明工程发挥着不可或缺的作用（图6-3~图6-5）。

图6-3　广州塔

图6-4　花城广场

图6-5 科学馆

　　广州市以打造国际、现代的新城市中轴线为目的，在新中轴南、北两段景观照明在主体冷色光基础上，使用局部彩光，并采用智能化控制，使用高科技照明手法，让标志性构筑物可以缓慢展示动态效果，从而彰显城市历史文化、人文风貌及现代气息，以广州塔为最亮的标志性构筑物，更能彰显其城市的基底。

　　城市名片应以城市经营的视角，吸取国际先进理念和经验，应用先进技术的同时，挖掘城市文化内涵，结合空间结构特点，梳理和提炼本市的形象特色。广州市以此为理念集中力量打造传统与现代相结合的"千年商都"和"文化名城"。在"珠江夜游"这全国第一张夜游名片的基础上，广州又相继开发了广州塔、花城广场等新中轴线上的灯光夜景展示，让广州国际灯光节成为世界"三大灯光节"之一（图6-6～图6-9）。

图6-6 珠江夜游

图6-7 历史风貌

图6-8 灯光动画

图6-9 古建筑照明

随着2015年广州"一江两岸三带"夜景照明改造规划的实施，优化整合了珠江建筑、堤岸、桥、树、天际线、重要节点（如北京路等）等城市景观资源，充分体现出广州城市的文化底蕴，高品质生态文化旅游岸线及珠江北岸24栋建筑动画演绎"广州故事"等带有浓烈岭南风情的夜景照明，又为"老广州"这座历史文化名城增添了新的夜景名片（图6-10、图6-11）。

图6-10　灯光故事——大鱼海棠　　　图6-11　"一江两岸三带"照明俯瞰图

6.3 人性化照明

城市亮化工程一度被认为体现一个城市经济发展的"名片"，各地争相打造流光溢彩的"不夜城"。然而，在大力倡导低碳经济的今天，过度亮化不但不能给一个城市"增光添彩"，反而在浪费了电力资源的同时，破坏了城市景观的整体美感，严重的光污染不仅对自然环境造成破坏，而且也会影响人和其他生物的生理健康。维持城市照明基本功能是必要的。城市主要街道要保证亮度，而装饰性灯光则应符合"美"的功能，体现文化修养和文化氛围，同时要考虑城市财力和资源状况，不能由于过度亮化而造成资源的浪费，违反了节能减排的理念和"低碳"的要求。

"人性化照明"成了现代城市照明事业发展的新理念，把夜景照明与城市规划结合起来，根据城市特点制定城市照明发展总体规划，使整个城市夜间照明重点突出、特色明显。一方面要加强光环境管理，进行光环境功能划分；另一方面要严格按照规范设计标准运行，这才是城市照明的"低碳"之路。

广州市以服务民生为照明发展为核心，关注市民生活，提升市民夜生活环境品质，实现社会和谐；展现岭南文化，促进会展、旅游经济发展，增加城市照明附加值。以此为理念，在广州市照明建设管理部门的主导下对城市居民夜间运动、交流等活动场所及路径进行专项照明规划，并建设了一批惠及民生的照明设施，如缓跑径照明（图6-12~图6-14）等，极大提升了居民夜间活动的安全性和居民生活幸福感。

图6-12　缓跑径草坪灯

图6-13　缓跑径庭院灯

图6-14　缓跑径树灯

参考文献

［1］ 张万奎. 照明设计与节电照明［M］. 北京：中国电力出版社，2012.

［2］ 张万奎. 城市道路照明节电技术［M］. 北京：中国建筑工业出版社，2010.

［3］ 乌特·范波莫. 道路照明——理论、技术与应用［M］. 王坤译. 机械工业出版社，2017.

［4］ 李铁楠. 城市道路照明工程设计［M］. 北京：中国建筑工业出版社，2018.

［5］ 王海均，汪霄. 城市道路绿色照明EMC项目融资模式研究［D］. 南京：南京工业大学土木工程学院，2013.

［6］ 李鑫. 景观照明设计与应用［M］. 北京：化学工业出版社，2013.

［7］ 李文华. 建筑与景观照明设计［M］. 北京：中国水利水电出版社，2014.

［8］ 江苏省住房和城乡建设厅. 江苏省城市道路照明技术规范DGJ32/TC 06-2011［S］. 江苏：2011.

［9］ 中华人民共和国住房和城乡建设部. 城市道路照明工程施工及验收规程 CJJ 89-2012［S］. 北京：2012.

［10］ 中华人民共和国国家质量监督检验检疫总局，中国国家标准化管理委员会. 建筑物防雷装置检测技术规范GB/T21431-2015［S］. 2015.

［11］ 广东省住房和城乡建设厅. 建筑电气防火检测技术规程DBJ/T 15-138-2018［S］. 广州：2012.

［12］ 中国工程建设协会. 建筑LED景观照明工程技术规程T/CECS 501-2018［S］. 北京：2018.

［13］ 中国建筑标准设计研究院. 城市照明设计与施工16D702-616MR606［S］. 北京.

［14］ 北京市质量技术监督局. 城市景观照明技术规范1DB11T-388.8-2015［S］. 北京：2015.

［15］ 上海市住房和城乡建设管理委员会. 道路照明工程建设技术规程DG/TJ 08-2214-2016［S］. 上海：2016.

［16］ 中华人民共和国国家质量监督检验检疫总局，中国国家标准化管理委员会. 道路照明用LED灯性能要求GB/T 24907-2010［S］. 北京：2010.

[17] 深圳市住房和建设局，深圳市科技工贸和信息化委员会. 深圳市LED道路照明工程技术规范SJG22-2011 [S]. 深圳: 2011.

[18] 中华人民共和国国家质量监督检验检疫总局，中国国家标准化管理委员会. LED城市道路照明应用技术要求GB/T 31832-2015 [S]. 北京: 2015.

[19] 中华人民共和国国家质量监督检验检疫总局，中国国家标准化管理委员会. 普通照明用非定向自镇流LED灯能效限定值及能效等级GB 30255-2013 [S]. 北京: 2013.

[20] 中华人民共和国国家质量监督检验检疫总局，中国国家标准化管理委员会. LED模块用直流或交流电子装置控制性能要求GB/T 24825-2009 [S]. 北京: 2009.

[21] 中华人民共和国国家质量监督检验检疫总局. 电磁兼容限值谐波电流发射限值（设备每相输入电流≤16A）GB 17625.1-2012 [S]. 北京: 2012.

[22] 中华人民共和国国家质量监督检验检疫总局，中国国家标准化管理委员会. 电气照明和类似设备的无线电骚扰特性的限值和测量方法GB/T 17743-2017 [S]. 北京: 2017.

[23] 中华人民共和国国家质量监督检验检疫总局，中国国家标准化管理委员会. 三相配电变压器能效限定值及能效等级GB 20052-2013 [S]. 北京: 2013.

[24] 中华人民共和国住房和城乡建设部，中华人民共和国国家质量监督检验检疫总局. 建筑照明设计标准GB 50034-2013 [S]. 北京: 2013.

[25] 中华人民共和国住房和城乡建设部，中华人民共和国国家质量监督检验检疫总局. 低压配电设计规范GB 50054-2011 [S]. 北京: 2011.

[26] 中华人民共和国住房和城乡建设部，中华人民共和国国家质量监督检验检疫总局. 建筑物防雷设计规范GB 50057-2010 [S]. 北京: 2010.

[27] 中华人民共和国住房和城乡建设部，中华人民共和国国家质量监督检验检疫总局. 建筑物电子信息系统防雷技术规范GB 50343-2012 [S]. 北京: 2012.

[28] 中华人民共和国国家质量监督检验检疫总局，中国国家标准化管理委员会. 灯具 第1部分：一般要求与试验GB 7000.1-2015 [S]. 北京: 2015.

[29] 中华人民共和国国家质量监督检验检疫总局，中国国家标准化管理委员会. 霓虹灯安装规范GB 19653-2005 [S]. 北京: 2005.

[30] 中华人民共和国住房和城乡建设部. 城市道路照明设计标准CJJ 45-2015 [S]. 北京: 2015.

后记

　　随着我国经济建设的不断发展，城乡照明设施的基数不断扩大，城乡照明工程成为与百姓生活息息相关的民生工程，在美化、亮化城市，提升城市形象方面发挥着重要作用。目前节能、环保、绿色理念深入人心，可持续发展是我国的重要发展战略，如何在满足照明设施功能的同时，更好的实现节能环保、舒适安全已成为行业及相关技术发展的方向。

　　本书以现场实地调研的数据为支撑，结合相关的技术标准、文献及相关管理规定，对城乡照明设施普遍存在的问题进行统一归纳与总结，并给出清晰明了的应对策略和建议，提供切实可行的技术方案和管理指引。

　　当前城乡照明行业正处于快速发展阶段，智慧灯杆、远程监控、漏电保护等新产品、新技术层出不穷。城乡照明绿色节能技术的推广与应用具有广阔的发展空间和巨大的经济效益，本书对其进行分析与研究，并参考部分已成功实施的城乡照明绿色节能模式，对绿色节能照明工程提出切实可行的推广建议。相关的绿色节能技术研究与应用在持续进行，相关的运营模式还需要不断探讨，成熟的技术和运营模式对照明设施在节能、绿色等方面的新技术推广具有非常重要的意义。